SITZUNGSBERICHTE DER SÄCHSISCHEN AKADEMIE
DER WISSENSCHAFTEN ZU LEIPZIG

Mathematisch-naturwissenschaftliche Klasse
Band 119 · Heft 6

MATTHIAS UND ULRICH SACHSENWEGER

DAS RAUMSEHEN BEI BEWEGTEN OBJEKTEN AUF DER BASIS DER DYNAMISCHEN STEREOSKOPIE UND DER BEWEGUNGSPARALLAKTOSKOPIE SOWIE SEINE BEDEUTUNG FÜR ARBEITS- UND VERKEHRSMEDIZIN

AKADEMIE-VERLAG BERLIN

1988

SITZUNGSBERICHTE DER SÄCHSISCHEN AKADEMIE DER WISSENSCHAFTEN ZU LEIPZIG

MATHEMATISCH-NATURWISSENSCHAFTLICHE KLASSE

Band 112

Heft 1 Prof. Dr. WALTER BREDNOW, Spiegel, Doppelspiegel und Spiegelungen – eine „wunderliche Symbolik" Goethes 1975. 28 Seiten – 4 Abbildungen – 8° – M 3,–

Heft 2 Prof. Dr. ARTHUR LÖSCHE, Über negative absolute Temperaturen. Eine Einführung 1976. 26 Seiten – 12 Abbildungen – 8° – M 4,–

Heft 3 Prof. Dr. med. HERBERT JORDAN, Kurorttherapie: Prinzip und Probleme 1976. 31 Seiten – 10 Abbildungen – 1 Tabelle – 8° – M 4,50

Heft 4 Prof. Dr. FRIEDRICH WOLF / Dr. PETER FRÖHLICH, Zur Druckabhängigkeit von Ionenaustauschreaktionen 1977. 13 Seiten – 6 Abbildungen – 1 Tabelle – 8° – M 2,–

Heft 5 Prof. Dr. DIETRICH UHLMANN, Möglichkeiten und Grenzen einer Regenerierung geschädigter Ökosysteme 1977. 50 Seiten – 20 Abbildungen – 2 Tabellen – 8° – M 6,50

Heft 6 Prof. Dr. ERICH RAMMLER, Zwei Jahrzehnte Entwicklung des Einsatzes der Energieträger Kohle und Erdöl im Weltmaßstab 1977. 29 Seiten – 6 Abbildungen – 4 Tabellen – 8° – M 4,–

Heft 7 Prof. Dr. ULRICH FREIMUTH, Umweltprobleme in der Ernährung 1977. 32 Seiten – 3 Abbildungen – 4 Tabellen – 8° – M 4,–

Band 113

Heft 1 Prof. Dr. ERICH LANGE, Allgemeingültige Veranschaulichung des II. Hauptsatzes 1978. 22 Seiten – 10 grafische Darstellungen – 8° – M 4,–

Heft 2 Prof. Dr. HERBERT BECKERT, Bemerkungen zur Theorie der Stabilität 1977. 19 Seiten – 8° – M 2,50

Heft 3 Prof. Dr. sc. KLAUS DÖRTER, Probleme und Erfahrungen bei der Entwicklung einer intensiven landwirtschaftlichen Produktion im Landschaftsschutzgebiet des Harzes 1978. 20 Seiten – 6 Abbildungen, davon 4 farbige auf 2 Tafeln – 2 Tabellen – 8° – M 7,–

Heft 4 Prof. Dr. sc. med. HANS DRISCHEL, Elektromagnetische Felder und Lebewesen 1978. 31 Seiten – 14 Abbildungen – 2 Tabellen – 8° – M 5,–

Heft 5 Prof. Dr. MANFRED GERSCH, Wachstum und Wachstumsregulatoren der Krebse. Biologische Erkenntnisse und generelle Erwägungen 1979. 32 Seiten – 13 Abbildungen – 1 Tabelle – 8° – M 6,–

Heft 6 Prof. Dr. rer. nat. FRIEDRICH WOLF / Dr. rer. nat. URSULA KOCH, Über den Einfluß der chemischen Struktur von Dispersionsfarbstoffen auf deren Dispersionsstabilität 1979. 18 Seiten – 3 Abbildungen – 10 Tabellen – 8° – M 3,50

Heft 7 Prof. Dr. rer. nat. FRIEDRICH WOLF / Dr. rer. nat. WOLFGANG HEYER, Zur Sorption an Tetracalciumaluminathydroxysalzen 1980. 12 Seiten – 5 Abbildungen – 4 Tabellen – 8° – M 2,–

Band 114

Heft 1 Prof. Dr. HASSO ESSBACH, Morphologisches zur orthologischen und pathologischen Differenzierung und zum Anpassungs- und Abwehrvermögen der menschlichen Placenta 1980. 19 Seiten – 12 Abbildungen – 8° – M 4,–

Heft 2 Prof. Dr. med. WERNER RIES, Risikofaktoren des Alterns aus klinischer Sicht 1980. 19 Seiten – 9 Abbildungen, davon 1 Abbildung auf Tafel – 8° – M 4,–

Heft 3 Prof. Dr. OTT-HEINRICH KELLER, Anschaulichkeit und Eleganz beim Alexanderschen Dualitätssatz 1980. 19 Seiten – 8° – M 4,–

Heft 4 Prof. Dr. rer. nat. BENNO PARTHIER, Die cytologische Symbiose am Beispiel der Biogenese von Zellorganellen 1981. 29 Seiten – 16 Abbildungen – 2 Tabellen – 8° – M 6,–

Heft 5 Prof. Dr. F. WOLF / Dr. S. ECKERT / Dr. M. WEISE / Dr. S. LINDAU, Untersuchungen zur Synthese und Anwendung bipolarer Ionenaustauschharze 1980. 12 Seiten – 6 Tabellen – 8° – M 2,–

Heft 6 Prof. Dr. med. HERBERT JORDAN, Balneobioklimatologie – Eine Zielstellung im Mensch-Umwelt-Konzept 1981. 25 Seiten – 8 Abbildungen – 1 Tabelle – 8° – M 4,–

SITZUNGSBERICHTE DER SÄCHSISCHEN AKADEMIE
DER WISSENSCHAFTEN ZU LEIPZIG

Mathematisch-naturwissenschaftliche Klasse
Band 119 Heft 6

MATTHIAS UND ULRICH SACHSENWEGER

DAS RAUMSEHEN BEI BEWEGTEN OBJEKTEN AUF DER BASIS DER DYNAMISCHEN STEREOSKOPIE UND DER BEWEGUNGSPARALLAKTOSKOPIE SOWIE SEINE BEDEUTUNG FÜR ARBEITS- UND VERKEHRSMEDIZIN

mit 27 Abbildungen und 7 Tabellen

AKADEMIE-VERLAG BERLIN
1988

Vorgelegt in der Sitzung am 9. Mai 1986
Manuskript eingereicht am 9. Mai 1986
Druckfertig erklärt am 16. Dezember 1987

ISBN 3-05-500469-8
ISSN 0371-327X

Erschienen im Akademie-Verlag Berlin, DDR-1086 Berlin, Leipziger Straße 3—4

Lizenznummer: 202 · 100/387/87
Printed in the German Democratic Republic
Gesamtherstellung: VEB Druckhaus „Maxim Gorki", 7400 Altenburg
LSV 2165
Bestellnummer: 763 809 5 (2027/119/6)

02000

INHALTSVERZEICHNIS

The Three-dimensional Vision in Moving Objects on the Basis of the Dynamic Stereoscopy and Dynamic Parallactoscopy as well as its Significance for Occupational and Transport Medicine

VORWORT

Die Einsicht, daß die bisherigen Prüfungsmethoden der Sehfunktionen für besondere Fragestellungen nicht ausreichen und durch spezielle dynamische Prüfungen ergänzt werden sollten, setzt sich gegenwärtig immer mehr durch. Bereits vor 2 Jahrzehnten wurde in umfangreichen Reihenuntersuchungen festgestellt, daß die Sehschärfe, die überall und ausschließlich mit stillstehenden Sehproben ermittelt wird, keinesfalls mit der Sehschärfe für bewegte Objekte, der sog. dynamischen Sehschärfe, übereinstimmt, d. h. daß die derzeitige Visusbestimmung wenig über die Fähigkeit zur Erkennung, Beurteilung und Bewertung mobiler Gegenstände auszusagen vermag.

Die im folgenden mitgeteilten Untersuchungsergebnisse betreffen speziell die räumliche, *dreidimensionale Wahrnehmung bewegter Objekte*, die *dynamische Raumsehschärfe.* Ihre praktische Bedeutung ist erheblich, weil sich vieles von dem, was im täglichen Leben und im Beruf räumlich erkannt werden muß, in Bewegung befindet. Sie ist bislang überhaupt noch nicht systematisch untersucht worden. Ophthalmologie und Physiologie zeigen auf diesem Gebiet gleichsam einen weißen Fleck. Dies bezieht sich sowohl auf die dynamische Stereoskopie beim beidäugigen Sehen als auch auf die Wahrnehmung auf Grund der Bewegungsparallaxe, dem auch Einäugigen zur Verfügung stehenden Phänomen der unterschiedlichen Konturenverschiebung im Sehfeld bei Bewegung des Kopfes oder Körpers bzw. bei Bewegung eines Objektes im Sehraum.

Seit 1984 erfährt das dynamische Sehen international immer stärkere Beachtung, sowohl was die Verkehrsmedizin im Hinblick auf die Reduzierung der Straßenunfälle als auch was die Arbeitsmedizin, speziell die Ergophthalmologie für die Tauglichkeit bei bestimmten beruflichen Tätigkeiten und was die Sportmedizin zur weiteren Steigerung im Hochleistungssport anbelangt, um nur einige Beispiele zu nennen. Daher dürften Mitteilungen über Untersuchungsergebnisse und Analysen der dynamischen räumlichen Wahrnehmung, über deren Leistungsvermögen und Normalwerte, aber auch über Prüfungsmöglichkeiten sowie über Stör- und Hemmfaktoren nicht nur in der Augenheilkunde auf Interesse stoßen.

Die vorliegende Veröffentlichung soll die bisher erschienenen Publikationen über die dynamische Sehschärfe vervollständigen und denjenigen, die sich speziell für die beiden Arten des dynamischen räumlichen Sehvermögens interessieren, Anhaltspunkte zur Prüfung bzw. Bewertung geben. Vielleicht vermag sie auch zu weiterführenden Untersuchungen dynamischer Leistungen des Sehorgans anzuregen.

Die Apparatekonstruktion des *binokularen Prismen-Rotationsgerätes* sowie die Untersuchungen über die *dynamische Stereoskopie* erfolgten durch Dr. sc. med. Matthias SACHSENWEGER; die Apparatekonstruktion des *Parallaktoskopometers* und die Untersuchungen der *dynamischen Parallaktoskopie* wurden von Dr. med. Ulrich SACHSENWEGER durchgeführt.

Leipzig, im Mai 1986 Rudolf SACHSENWEGER

1. EINFÜHRUNG

Zusammenfassung: Die dreidimensionale Wahrnehmung bewegter Objekte (dynamische Raumsehschärfe) spielt für nicht wenige berufliche und alltägliche Aufgaben eine wichtige Rolle. Dennoch bleibt sie in der augenärztlichen und arbeitsmedizinischen Praxis noch unbeachtet, obgleich international in den letzten Jahren immer mehr Gremien die Prüfung auch des dynamischen Sehens empfehlen. Untersuchungen speziell auf dem Gebiet der dynamischen Stereoskopie fehlen noch gänzlich. Alle bisherigen Untersuchungen der dynamischen Sehschärfe haben ergeben, daß von den bislang üblichen Prüfungsmethoden nicht ohne weiteres auf die Sehleistungen bei bewegten Objekten geschlossen werden kann. — Bei der dynamischen Raumwahrnehmung kommen zwei Faktoren des räumlichen Sehens zur Geltung: Die *dynamische Stereoskopie* auf Grund einer querdisparaten Objektabbildung in beiden Augen und die auch monokular wirkende *dynamische Parallaktoskopie*, die auf der scheinbaren Verschiebung der Konturen bei einem Bewegungsvorgang basiert. Die vorliegende Arbeit hat die Aufgabe, Geräte zur Schwellenbestimmung beider Sehleistungen zu beschreiben, Normalwerte und optimale Prüfungsbedingungen zu ermitteln und die Ursachen für Behinderungen beider Sehweisen aufzuzeigen.

1. Introduction

Summary: The three-dimensional perception of moving objects plays an important role for not a few professional and everyday tasks. Nevertheless, up to now it still escapes notice in the ophthalmological and occupational-medical practice, though internationally during the last five years more and more authoritative bodies recommend also the testing of dynamic vision. Investigations particularly in the field of dynamic vision are still completely lacking. All hitherto performed investigations of the dynamic visual acuity have shown that from the up to now usual testing methods cannot straight away be concluded to visual powers with moving objects. — In the dynamic three-dimensional perception two factors of stereoscopic vision prevail: the dynamic stereoscopy on account of a transverse-disparate picture of the object in both eyes and the also monocularly possible dynamic parallactoscopy, which is based on the apparant deviation of the contours in a process of motion. The present paper has the task to describe devices for the determination of the threshold of the two visual powers, to recognize normal values and optimum test conditions and to reveal the causes for handicaps of the two ways of vision.

Über das räumliche Sehen bewegter Objekte, die dynamische Raumsehschärfe, gibt es bislang keine grundlegenden Untersuchungen und Prüfungsmethoden. Dieser Mangel ist erstaunlich, denn sehr vieles, was Menschen in ihrer Umwelt, insbesondere bei ihrer beruflichen Arbeit visuell wahrnehmen, befindet sich in dreidimensionaler Bewegung, und bei vielen dieser Sehobjekte spielt die korrekte Beurteilung sogar eine ausschlaggebende Rolle.

Der Sinnesphysiologe F. B. Hofmann (1925) nennt für das Sehorgan 3 Aufgaben im Verband des Gesamtorganismus: Es leitet das Individuum bei der Ausführung willkürlicher Bewegungen, es verhilft zur Orientierung im Raum, und es vermittelt Kenntnisse von den Dingen der Außenwelt und fördert auf diesem Wege die Ausbildung des Geistes. Alle 3 Aufgaben beinhalten auch das Sehen von Sehobjekten im Verlauf von Bewegungsvorgängen. Diese Art der Orientierung über die Details in einem Raum erfordert ein sehr hohes Stadium von assoziativer Auswertung optosensorischer Eindrücke. Dazu gehört freilich auch die allgemeine Veranlagung, dreidimensional zu denken, was beispielsweise bei Hirngeschädigten beeinträchtigt sein kann (Rennert, 1977).

In der Phylogenese sind die Voraussetzungen, bewegte Objekte exakt zu lokalisieren, in einer langen Entwicklungszeit stufenweise herausgebildet worden. Bei der Beurteilung von Beute und Feinden, auf der Flucht, beim Ausweichen vor Hindernissen, zur Jagd nach Nahrung u. a. m. war von jeher die visuelle räumliche Wahrnehmung für bewegte Objekte bevorzugt gefordert. Die Leistung des optischen Organs war dabei den Leistungen der Körpermotorik angepaßt, was allerdings nicht mehr für das komplizierte Leben im Rahmen moderner Technik zutrifft.

Sehen und Bewegung sind im täglichen Leben des Menschen eng miteinander verbunden und werden nur aus Gründen der Praktikabilität bei der augenärztlichen Untersuchung — nicht zum Vorteil der Verläßlichkeit ophthalmologischer Befunde — voneinander getrennt geprüft, abgesehen von dem längst verlassenen, weil zu unvollkommenen Heringschen Fallversuch (1879), bei dem die Bewegung in Form der Fallgeschwindigkeit bzw. -beschleunigung in konstantem Rahmen abläuft.

Die Prüfung mit stillstehenden, ruhenden Optotypen, also die statischen Prüfungsmethoden untersuchen in vielerlei Beziehung einen Sonderfall für die Sehleistung. Wenn sich dieser Untersuchungsmodus, insbesondere bei der Sehschärfe, als ausreichend und genügend aussagekräftig erwiesen hat (Aulhorn, 1976), so fehlte es nie an Stimmen (Comberg, 1953; Schober, 1976), die eine arbeitsplatz- bzw. verkehrsgerechte Untersuchung nach ergophthalmologischen Gesichtspunkten und Beurteilungsmaßstäben verlangten, zumindest für Sonderfälle, zu Tauglichkeitsfeststellungen bei Spezialberufen u. a. m. Methling und Wernicke (1969) befürworten dynamische Visusprüfungen auch, um die Ursachen von asthenopischen Beschwerden während der Arbeit zu analysieren.

Erst 1984 forderte eine Expertengruppe der WHO, die sich mit den Problemen der durch medizinische Faktoren ausgelösten Verkehrsunfälle und den damit zusammenhängenden Lücken im derzeitigen Erkenntnisstand zu beschäftigen hatte, eine Ergänzung der gegenwärtig in Gebrauch befindlichen Prüfungsmethoden durch Prüfung auch des dynamischen Sehens (Report of the Working Group on the Role of Medical Factors in the Causation of Road Accidents. ICP/ADR 044. 3551E. 15 May 1984. WHO, Regionalbüro for Europe): "(*7.3.*) *Conventional tests of static visual acuity were not effective in predicting increased risk of accidents: however, it was realized that practical methods of testing for dynamic visual acuity and other aspects of vision which were important in this connection had not yet been fully developed.* (*7.4.*) *It was recommended that the sponsoring of a study relating to this be considered.*" 1985 fand in Tampere/Finnland ein internationales ergophthalmologisches Symposion statt, bei dem die Probleme des dynamischen Sehens in der Arbeitswelt erörtert wurden. Auch auf dem Gebiet des Sports gibt es erste Ansätze zur Prüfung des dynamischen Sehens bei Hochleistungssportlern: 1985 haben einige nationale olympische Komitees, so z. B. das der USA, für einige Sportarten eine Prüfung auch des dynamischen Sehens gefordert.

Mit diesen 3 Beispielen sind zugleich die hauptsächlichen Anwendungsbereiche der dynamischen Prüfung des Sehvermögens im täglichen Leben markiert: Verkehrsmedizin, Arbeitsmedizin, speziell Ergophthalmologie, und Sportmedizin. Darüber hinaus besitzt das dynamische Sehvermögen auch im täglichen Leben eine Bedeutung auf vielerlei Ebenen und bei zahlreichen Gelegenheiten. Daß keinesfalls eine Parallelität zwischen den statischen und den dynamischen Leistungen des Sehorgans besteht, hat die bisherige Prüfung der Sehschärfe für bewegte Objekte (Jaeger und Honegger, 1964; Ludvigh, 1949; Ludvigh und Miller, 1958) zur Genüge bewiesen. Bei geringen Geschwindigkeiten kann die dynamische sogar besser als die statische Sehschärfe sein (Schober, Munker und Grimm, 1967), desgleichen bei bestimmten Formen des Nystagmus und der Gesichtsfeldbeeinträchtigung (Jaeger und Honegger, 1964). Die interindividuelle Streubreite der Prüfungsergebnisse ist dabei erheblich und entspricht keinesfalls dem gewohnten Ausmaß der Variabilität bei den üblichen, routinemäßig durchgeführten Sehschärfebestimmungen in der augenärztlichen Praxis (Honegger, 1966).

Bei der dynamischen Raumwahrnehmung kommen vor allem 2 optosensorische Komponenten zur Geltung: die binokulare *Stereoskopie* und die auch monokular wirkende *Bewegungsparallaktoskopie*. Die Stereoskopie, der die querdisparate Abbildung des Fixationsobjektes auf den beiden Netzhäuten und die binokulare Fusion in den Areae striata, para- und peristriata zugrunde liegen, zeigt neben einer großen Zuverlässigkeit des visuellen Erkennungsprozesses eine bemerkenswerte Exaktheit, die an die Präzision der Nonius-Sehschärfe heranreicht (HEINSIUS, 1964). Die dynamische Parallaktoskopie hingegen wird auch monokular wirksam, sie beruht auf der scheinbaren Verschiebung der Konturen im Sehfeld während eines aktiven oder passiven Bewegungsablaufes und ist um ein Vielfaches gröber als die Stereoskopie. Es gibt eine ganze Reihe von Situationen im täglichen und beruflichen Leben, in denen sie nur einen geringen oder gar keinen Einfluß auf die räumliche Wahrnehmung besitzt. Bei schnellen Bewegungen und in weiten Entfernungen übertrifft sie indessen die Stereoskopie eindeutig. Im praktischen Leben kommen neben der Bewegungsparallaxe bei der Beobachtung bewegter Objekte auch noch andere, die sog. empirischen, sekundären Faktoren der räumlichen Wahrnehmung zur Geltung, z. B. Linear- und Luftperspektive, Größenverhältnisse, Überschneidung von Konturen, Farb- und Glanzphänomene u. a. m.

Bei jeder Art von dynamischem Sehen werden neben den Zentren und Assoziationsbahnen für das dreidimensionale Sehen zusätzlich die ausgedehnten okulomotorischen Schaltsysteme im Groß- und Mittelhirn beansprucht. Damit unterliegt das Sehen bewegter Objekte zusätzlichen Abhängigkeiten. Dies hat die Untersuchung der monokularen dynamischen Sehschärfe eindeutig ergeben, über die eine ganze Reihe von systematischen Untersuchungen vorliegen, die ersten von LUDVIGH (1949) sowie LUDVIGH und MILLER (1958). Im deutschen Sprachraum stammen Untersuchungen dazu aus der Heidelberger Universitäts-Augenklinik aus den Jahren 1958—1970, vor allem von JAEGER und HONEGGER. Die gewonnenen Erkenntnisse über die Qualität der Sehschärfe während einer absoluten oder relativen Bewegung bilden eine gute Basis für die Untersuchungen auch der dynamischen Raumsehschärfe.

Die arbeits- und verkehrsmedizinische Bedeutung der dynamischen monokularen Sehschärfe und nicht minder auch des dynamischen räumlichen Sehens ist in den letzten Jahren ständig gestiegen. Dies wird aller Voraussicht nach auch künftig so weitergehen. Die rasche Verdichtung des Kraftverkehrs, spezielle Anforderungen bei der Berufsarbeit, die Verstärkung des Produktionstempos u. a. sind die Ursachen dafür, daß Menschen mit schlechtem räumlichen Sehen, vor allem mit reduzierter dynamischer Stereoskopie, in ihrer beruflichen Leistung leicht in eine Versagenshaltung hineingelangen. Die ergophthalmologischen Aspekte, die damit zusammenhängen, sind offenkundig: Erhöhung der Unfallhäufigkeit, herabgesetzte Arbeits- und Berufsleistung, Reduzierung des Arbeitstempos wegen des Gefühls einer individuellen sensorischen Unsicherheit und objektiv bestehender Leistungsschwäche, vermehrte Arbeitsfehler u. a. m. Auch im Hochleistungssport ist die Qualität des dynamischen räumlichen Sehens fallweise von Bedeutung, besonders bei allen Arten von Ballspielen; in nicht wenigen Sportarten sind ohne die höchste Stufe der dynamischen Raumwahrnehmung, der dynamischen Stereoskopie, Höchstleistungen praktisch ausgeschlossen, z. B. bei Einäugigkeit.

Für das räumliche Sehen werden sowohl im Deutschen als auch im Englischen Begriffe und Definitionen bemerkenswert widersprüchlich verwendet (BISHOP, 1975). Die Vielfalt der Bezeichnungen betrifft vor allem die Stereoskopie (stereoskopischer Visus, stereoscopic depth perception). WESTHEIMER (1979) gebraucht den Ausdruck "spatial sense of the eye", meint damit aber das Auflösungsvermögen des optischen Organs. Allgemein wird in letzter Zeit als Stereoskopie nur dasjenige Sehen bezeichnet, das auf der Querdisparation, d. h. auf der in der Horizontalen unterschiedlichen Abbildung eines Sehobjekts auf den Netzhäuten beider Augen, also auf einer Stellungsparallaxe basiert. Alles andere wird meistens unter empirischem bzw. sekundärem räumlichen Sehen eingeordnet (spatial vision; BLAKE, 1977). Stereoskopie kann somit nur das Ergebnis von Binokularsehen, nicht aber von Monokularsehen sein. Die Qualität des stereoskopischen Sehens wird meistens Tiefensehschärfe genannt. Wesentlich eindeutiger ist aber der Ausdruck *Stereo-Sehschärfe* (stereoscopic acuity, binocular stereo-acuity, stereo visual acuity).

Das bewegungsparallaktoskopische Sehen (dynamic parallactoscopic vision) wird teilweise ebenfalls unter dem Überbegriff der Stereoskopie eingeordnet, mit dem es aber nichts zu tun hat, weil es nicht an binokulares Sehen gebunden ist, sondern auch Einäugigen zur Verfügung steht. Andererseits wird unter Parallaktoskopie häufig auch deswegen stereoskopisches Sehen verstanden, weil Stereoskopie letztlich auf der *Stellungsparallaxe* beider Augen basiert, d. h. es wird dabei gleichzeitig mit beiden Augen wahrgenommen, was bei der *Bewegungsparallaxe* nacheinander von 2 unterschiedlichen Stellungen eines Auges gesehen wird.

Auch mit dem Begriff Bewegung ist eine Mehrdeutigkeit verbunden. JAEGER (1958) hat im Hinblick auf unklare ältere Definitionen das, was er untersuchen wollte, als *Sehschärfe für bewegte Objekte* (*visual acuity for moving objects*) bezeichnet. Aber die Bewegung des Sehobjektes kann nicht nur aktiv, sondern auch passiv erfolgen; SCHOBER, MUNKER und GRIMM (1967) wählten aus diesem Grunde die Bezeichnung *dynamische Sehschärfe*, vermerkten jedoch, daß von einigen Autoren auch von der kinetischen Sehschärfe gesprochen wird (GRAMBERG-DANIELSEN, 1976).

Die Analyse der im Schrifttum gebräuchlichen Ausdrücke ließ es geraten erscheinen, die Tiefensehschärfe für bewegte Objekte in den folgenden Darlegungen als *dynamische Stereo-Sehschärfe* und die Qualität des bewegungsparallaktischen Raumsehens (dynamische Parallaktoskopie) als *bewegungsparallaktische Raumsehschärfe* zu bezeichnen.

Aufgabe der in den folgenden Kapiteln beschriebenen Untersuchungen sollte es sein:

- Methoden zu entwickeln und zu erproben, die zur Prüfung der Qualität der dynamischen Stereoskopie und der dynamischen Parallaktoskopie geeignet sind;
- mit Hilfe neuer Geräte und Tests beide Funktionen und ihren Variationsbereich an normalsichtigen Versuchspersonen zu analysieren;
- optimale Prüfungsbedingungen zu ermitteln;
- bei beiden Funktionen den Einfluß von Behinderungen der optosensorischen Wahrnehmung zu untersuchen.

2. DIE ELEMENTE DES DYNAMISCHEN RAUMSEHENS

2.1. Die monokulare dynamische Sehschärfe

Zusammenfassung: Erste Untersuchungsergebnisse über die monokulare dynamische Sehschärfe (Sehschärfe für bewegte Objekte = dynamische Sehschärfe) wurden erst 1949 veröffentlicht. Zwischen der statischen und der dynamischen Sehschärfe besteht wenig Übereinstimmung, so daß die übliche Prüfung mit stillstehenden Optotypen wenig auszusagen vermag über die Fähigkeit, bewegte Objekte zu erkennen. Bis zu einer Winkelgeschwindigkeit von 20–25°/sec kommt es nur zu einer geringen Beeinflussung, bei höheren Geschwindigkeiten fällt die Sehschärfe rasch ab, individuell allerdings sehr unterschiedlich. Bei sehr geringen Geschwindigkeiten kann die dynamische sogar besser als die statische Sehschärfe sein. Wird mit rotierenden Prismen, d. h. bei simulierten kreisförmigen Bewegungen geprüft, dann beträgt die dynamische Sehschärfe wegen der erschwerten Okulomotorik nur etwa $^1/_4$ jener bei geradliniger Bewegung. Es ist gleichgültig, ob sich die Optotypen oder der Beobachter bewegt. Die Blickrichtung hat einen nicht unwesentlichen Einfluß auf die dynamische Sehschärfe, die im Alter deutlich nachläßt. Ein Geschlechtsunterschied besteht nicht. Beim kongenitalen Nystagmus ist die dynamische Sehschärfe besser als die statische Sehschärfe. Periphere Gesichtsfeldeinengungen haben auf die dynamische Sehschärfe keinen Einfluß, im Gegensatz zu großen zentral gelegenen Skotomen und Hemianopsien.

2. The Elements of Dynamic Stereoscopic Vision

2.1. The Monocular Dynamic Visual Acuity

Summary: First results of the investigation of monocular dynamic visual acuity (visual acuity for moving objects = dynamic visual acuity) were published not until 1949. There is little correspondence between the static and dynamic visual acuity, so that the usual test with stationary optotypes can only little state on the ability to recognize moving objects. Up to an angular velocity of 20–25°/sec only a slight influence takes place, in higher velocities the visual acuity rapidly decreases, individually, however, much differently. In very small velocities the dynamic visual acuity may even be better than the static one. When the test is performed with rotating prisms, i.e. with simulated circular movements, then on account of the complicated oculomotoricity the dynamic visual acuity is only about $^1/_4$ of that one with rectilineal movement. It is irrelevant, whether or not the optotypes or the observer move. The visual direction has a not unessential influence on the dynamic visual acuity which clearly decreases in old age.

There is no difference between the two sexes. In the congenital nystagmus the dynamic visual acuity is better than the static one. Peripheral narrowings of the visual field have no influence on the dynamic visual acuity, in contrast to the large centrally located scotomas and hemianopsias.

2.1.1. Allgemeines

Obgleich die Sehschärfe sowohl bei passiver als auch bei aktiver Bewegung sehr vielseitig beansprucht wird, weil sich Kopf und Körper eines jeden Individuums letztlich ständig in Bewegung befinden, ist von Anbeginn an bei der Ermittlung der Sehschärfe in der augenärztlichen Praxis der Faktor der Bewegung außer acht gelassen worden. Allerdings war für den ophthalmologischen Untersuchungsgang die Darbietung von stillstehenden Optotypen eine geradezu zwingende Vereinfachung, selbst wenn von vornherein in Rechnung gestellt worden wäre, daß zwischen der statischen Sehschärfe und der Sehschärfe für bewegte Objekte bemerkenswerte, individuell sehr differente Unterschiede bestehen und beide sich keineswegs parallel verhalten, vor allem nicht bei pathologischen Zuständen der Augen.

Erstaunlicherweise hat auch die Sinnesphysiologie der Sehschärfe für bewegte Objekte lange Zeit wenig Aufmerksamkeit geschenkt. Nach HONEGGER (1966) erfolgten die ersten systematischen Untersuchungen über die dynamische Sehschärfe während des 2. Weltkrieges durch LUDVIGH an Marinefliegerkadetten mit allerdings überraschenden Ergebnissen. Vorher hatte sich bereits LANGMUIR (1938) mit dieser Problematik befaßt. Zweifellos bedeutet die Sehschärfe für bewegte Objekte eine wesentliche Grundlage für die Beurteilung der Belastungsgrenzen des Sehorgans. Über Untersuchungen der damaligen Zeit und auch über ihre späteren weiterführenden Untersuchungen nach dem Kriege haben MILLER und LUDVIGH (1962) eine umfassende Übersicht gegeben.

LUDVIGH und seine Mitarbeiter beschäftigten sich auch mit den sinnesphysiologischen Grundlagen der dynamischen Sehschärfe. Im Mittelpunkt ihrer Arbeiten stand das Problem, warum die Sehschärfe absinkt, sobald das Sehobjekt in Bewegung versetzt wird; denn bekanntlich kann das Auge außerordentlich schnelle Bewegungen ausführen. Aber die permanente präzise Abbildung der bewegten Optotype in der Foveola macht offensichtlich Schwierigkeiten, zumal Folgebewegungen der Augen wenig präzise den Objektbewegungen entsprechen, vor allem bei kreisförmigen Bewegungen (GERATHEWOHL, 1954). Ohne Zweifel ist entscheidend, ob sich das bewegte Bild ständig in der Foveola oder ob es sich auf der Netzhaut extramakular abbildet, was vornehmlich bei schnellen Bewegungen der Fall ist. Außerdem vermindert sich bei bewegten Objekten der Randkontrast (METHLING und WERNICKE, 1969), und daher ist es nicht verwunderlich, daß durch Verstärkung der Leuchtdichte ein Abfall der Sehschärfe für bewegte Objekte vermindert werden kann.

Im deutschsprachigen Raum haben sich erstmals JAEGER (1958—1969) und HONEGGER (1964—1970) mit einer ganzen Reihe von Mitarbeitern aus der Augenklinik der Universität Heidelberg in zahlreichen Arbeiten diesen Problemen systematisch zugewandt, vor allem mit ophthalmologischen Fragestellungen; sie bezeichneten die dynamische Sehschärfe als Sehschärfe für bewegte Objekte. (HONEGGER, 1966, 1970; HONEGGER und ALEXANDRIDIS, 1970; HONEGGER, KAMSCHULTE und KLEIN, 1970; HONEGGER und SCHÄFER, 1964, 1968a und b, 1970; HONEGGER, SCHÄFER und JAEGER, 1969; JAEGER, 1958; JAEGER und HONEGGER, 1964). Damit sind nahezu alle augenärztlichen Probleme der dynamischen Sehschärfe bearbeitet und die bis dahin publizierten Resultate wesentlich ergänzt und erweitert worden.

Die Sehschärfenabnahme zeigt bei Bewegung der Optotypen zwei Phasen: Eine geringe Abnahme der Sehschärfe bis zu einer Winkelgeschwindigkeit von 20—25°/sec und einen relativ steilen Abfall der Sehschärfe bei höheren Winkelgeschwindigkeiten (Abb. 1). Sogar bei normalsichtigen Marinefliegerkadetten fand LUDVIGH (1949) interindividuell eine bemerkenswert starke Streuung der Werte der dynamischen Sehschärfe, die jene der statischen Sehschärfe wesentlich übertrifft. Bei 80°/sec schwanken nach LUDVIGH und MILLER (1958) die Mittelwerte emmetroper Personen trotz eines statischen Visus von 1,0 um einen Faktor von mehr als 2.

Die Ergebnisse von Vergleichsuntersuchungen zwischen statischer und dynamischer Sehschärfe waren auffallend unterschiedlich: WEISSMANN und FREEBURNE (1965) fanden bis 120°/sec (bei allerdings nur 3 normalsichtigen Probanden), daß Personen mit höherer statischer Sehschärfe im Durchschnitt auch eine bessere dynamische Sehschärfe aufweisen, im Unterschied zu BURG (1966), HÜBLER (1964) sowie SCHOBER, MUNKER und GRIMM (1967). Nach diesen Untersuchungsresultaten ist zu folgern, daß die nach der üblichen Methode gemessene statische Sehschärfe nicht viel über die dynamische Sehschärfe aussagen kann. Bereits bei mittlerem Fußgängertempo ist die dynamische Sehschärfe deutlich herabgesetzt.

Die dynamische Sehschärfe speziell bei geringen Geschwindigkeiten zwischen 1 und 10°/sec haben SCHOBER, MUNKER und GRIMM (1967) sowie SÖLLNER (1961) und DEHLER (1967) untersucht. SCHOBER und Mitarb. verwendeten eine Apparatur mit einem Drehspiegel zur Projektion der Optotypen. Der Beobachtungsabstand betrug 1,25 m, der überschaubare Winkelbereich 60°, die Umfeldleuchtdichte 25 cd/m². Bei den 3 Testpersonen wurde die statische Sehschärfe auf V = 1,0 zwecks exakter Vergleichbarkeit der Resultate eingestellt. Es ergab sich wegen Wegfalls der Lokaladaptation — bemerkenswert unterschiedlich bei den einzelnen Personen — bis zu einer Winkelgeschwindigkeit von 3°/sec eine merkbare Steigerung der dynamischen Sehschärfe, danach aber einen um so deutlicheren Abfall. Bei einer Geschwindigkeit von 3°—12°/sec war der Wert für die statische Sehschärfe wieder erreicht.

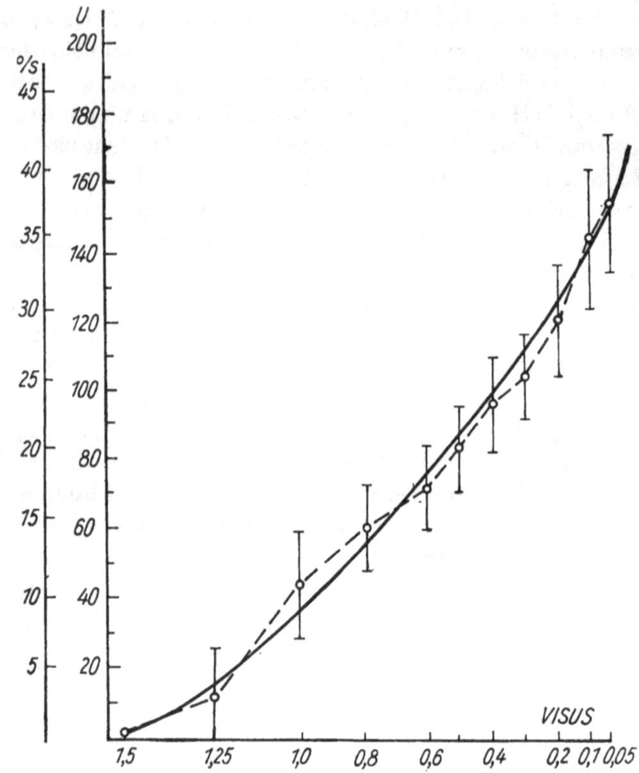

Abb. 1. Mittelwertkurve der monokularen dynamischen Sehschärfe mit Streubereich. Abszisse: Sehschärfe in Dezimalangabe. Ordinate: Zahl der Umdrehung pro Minute (re.) und der Wegstrecke in Grad pro Sekunde (li.); (n = 10).

Insgesamt lassen sich folgende Feststellungen treffen:

1. Bei kleinen Winkelgeschwindigkeiten, etwa bei 3°/sec, liegt die dynamische Sehschärfe geringfügig höher als die statische Sehschärfe.
2. Bei größeren Winkelgeschwindigkeiten sinkt die dynamische Sehschärfe deutlich ab und beträgt bei 100°/sec nur noch 1/2 bis 1/10 des statischen Wertes.

3. Dabei ist es unwesentlich, ob sich das Testzeichen oder der Beobachter bewegt.
4. Der Beobachtungsabstand soll für die Meßergebnisse nicht ganz unwesentlich sein, auch wenn die Winkelgeschwindigkeiten für den Vergleich zugrunde gelegt werden.
5. Beidäugig ist die dynamische Sehschärfe etwas besser als bei einäugigem Sehen (Honegger, Schäfer und Jaeger, 1969).
6. Ältere Menschen haben eine durchschnittlich schlechtere dynamische Sehschärfe als jüngere, besonders bei hohen Geschwindigkeiten; Frauen haben durchschnittlich eine etwas schlechtere dynamische Sehleistung als Männer (Burg, 1964, 1965).

Hoogerhaide (1964) fand, daß die dynamische Sehschärfe in der Netzhautperipherie bei Bewegungen von 60°/sec paramakular wegen der Netzhautstruktur ein relatives Optimum erreicht. Low (1947) und Suzumara (1964) untersuchten die periphere Bewegungssehschärfe, wenn sich die Testzeichen zur Fovea zu oder von ihr weg bewegten: Im ersteren Falle war die Bewegungssehschärfe eindeutig besser. Krot (1972) hat die Sehschärfe mit bewegten Linien bestimmt. Nach Miller und Ludvigh (1962) werden vertikal bewegte Optotypen etwas besser erkannt als horizontal bewegte. Srinivasan und Bernard (1975) stellten eine theoretische Analyse über die Auswirkungen der Bewegung auf die Sehschärfe an.

2.1.2. Der Einfluß der Bewegungsart

Die Untersuchungen von Jaeger und Honegger (1963/64) basieren vorwiegend auf der Verwendung eines rotierenden Prismas von 4 pdpt bzw. eines Sehzeichenprojektors. Das Prisma rotiert in festgelegten und mit Hilfe eines Tachometers genau kontrollierbaren Geschwindigkeiten vor dem Projektor. Das Bild der projizierten Optotypen wird dabei vom Prisma abgelenkt und in kreisförmige Bewegungen versetzt. Die Schwelle wird ermittelt, indem bei jeder Sehschärfenstufe die anfänglich zu hohe Geschwindigkeit allmählich so gedrosselt wird, bis die Optotypen, meistens Landoltsche Ringe, erkannt werden. Danach wird auf kleinere Sehzeichen umgeschaltet. Miller und Ludvigh (1962) haben die Umdrehungen in Bewegungsgeschwindigkeit pro Winkelgrad umgerechnet.

Die horizontale Darbietung der bewegten Optotypen erfolgt im allgemeinen mit Hilfe eines rotierenden Sehzeichenprojektors und eines halbkreisförmigen Projektionsschirmes (Honegger, Schäfer und Jaeger, 1969), wenn auch meistens bei einer relativ kurzen Prüfungsentfernung. Die Registrierung von Augenbewegungen mittels Okulographie bzw. mit einem Lichtstrahl, der vom Spiegel einer Saughaftschale des Auges reflektiert und auf Fotopapier aufgezeichnet wird (HONEGGER und SCHÄFER, 1964), hat gezeigt, daß horizontal sich bewegende Optotypen mit gleitenden Blickbewegungen bzw. mit kleinen ruckartigen Augenbewegungen abgetastet werden; an den Haltepunkten zeigen sich feine Fixationsschwankungen. Kreisförmige Blickbewegungen verlaufen demgegenüber ruckartig mit Haltepunkten und Bewegungsunterbrechungen, deren Zahl sich nach der Geschwindigkeit richtet: je langsamer die Bewegung, um so häufiger die Haltepunkte.

Kreisförmige Führungsbewegungen sind aber nie exakt kreisförmig und zeigen viele Korrektursprünge. Vermutlich ist die Koordination der Augenmuskeln für kreisförmige Bewegungen zu grob. Die Kreisbewegungen der Augen werden mit Erhöhung der Geschwindigkeit immer ungenauer und sogar ausfahrend, bis sie in regelrechte Suchbewegungen übergehen. In einem Geschwindigkeitsbereich, in dem bei horizontaler Bewegung der Optotypen fast noch eine normale Sehschärfe erreicht wird, werden bei kreisförmiger Bewegung selbst größere Sehzeichen nur mit Mühe erkannt (HONEGGER, 1970).

Wird der Radius der kreisförmigen Augenbewegungen verringert, dann kommt es bei geringen Geschwindigkeiten zu einer Phasengleichheit der Blickbewegung mit der Objektbewegung, die Wanderung des Objektbildes auf der Netzhaut wird eingeschränkt (DIEKER und HONEGGER, 1968). Bei gleicher Winkelgeschwindigkeit erfolgt das Absinken der Sehschärfe mit kleinen Kreisbewegungen aber schneller als mit großen, weil kleine Kreisbewegungen für die Augen eine schwierigere Bewegungsform darstellen als größere. Im Einzelfall können allerdings überraschende individuelle Abweichungen auftreten, besonders bei Patienten mit pathologischen Augenbefunden.

Im allgemeinen wird *bei horizontaler Bewegungsrichtung eine 4mal bessere dynamische Sehschärfe als bei kreisförmiger Bewegungsrichtung* erreicht, wenn von der Wegstrecke (gemessen in Grad pro Sekunde) ausgegangen wird.

2.1.3. Die dynamische Sehschärfe bei Augenveränderungen

Nahezu alle Kenntnisse über die dynamische Sehschärfe bei Augenveränderungen gehen auf Untersuchungen von JAEGER und HONEGGER (1964) sowie ihrer Mitarbeiter zurück.

Bei höheren nicht korrigierten Refraktionsfehlern ist der Faktor der Sehschärfenherabsetzung entscheidend, besonders bei Myopen. Aphake Personen sind bei Betrachtung bewegter Objekte nicht mehr benachteiligt als normalsichtige Personen mit gleicher statischer Sehschärfe. Kleinere Zentralskotome behindern die dynamische Sehschärfe weniger, weil diese ohnehin mehr als die statische Sehschärfe von parafovealen Netzhautbereichen abhängt. Relativ schlechte Sehschärfenwerte ergaben sich mit rotierenden Prismen bei Ringskotomen, weil gerade Netzhautbereiche um die Makula herum für die dynamische Sehschärfe bei kreisförmigen Bewegungen Bedeutung besitzen, desgleichen bei größeren konzentrischen Gesichtsfeldausfällen sowie Hemianopsien mit senkrechter Begrenzungslinie.

Das Gesichtsfeld kann experimentell bei horizontalen Folgebewegungen bis auf einen Bereich von 40—50° ohne Absinken der dynamischen Sehschärfe eingeengt sein (HONEGGER und SCHÄFER, 1970). Diese Feststellung hat Bedeutung für die Zulassung zum Kraftverkehr von Patienten mit Gesichtsfeldeinengungen, denn beim Fahren eines Autos hat der Fahrzeugführer ohnehin durch die Frontkarosserie des Autos nur ein begrenztes Blickfeld (SCHÜLER und MÜRMEL, 1979). Die Untersuchungen ergaben jedenfalls, daß das Gesichtsfeld für die dynamische Sehschärfe keine nennenswerte Rolle spielt, sofern keine wesentlichen Anomalien vorliegen.

Beim kongenitalen Nystagmus ist die dynamische Sehschärfe überraschenderweise etwas besser als die statische. Bei hohen Geschwindigkeiten sind Nystagmus-Patienten sogar nennenswert gegenüber normalsehenden Personen bevorzugt, vielleicht eine Erklärung dafür, daß Nystagmus-Patienten im täglichen Leben weniger behindert zu sein scheinen, als dies auf Grund ihrer statischen Sehschärfe anzunehmen ist.

Die Koordinationsstörungen der Augenmuskeln, z. B. bei Patienten mit multipler Sklerose, Commotio cerebri und nach Alkoholbelastung, bedingen eine wesentliche Herabsetzung der Sehschärfe für bewegte Objekte, selbst ohne Augenmuskelparese (HONEGGER, 1970). Allerdings ist dabei die Tendenz zur allmählichen Normalisierung bemerkenswert groß.

Die Sehschärfe für bewegte Objekte ist vom Adaptationszustand der Augen nicht unwesentlich abhängig (HONEGGER und ALEXANDRIDIS, 1970). Bei Erhöhung der Winkelgeschwindigkeit fällt die Abnahme der dynamischen Sehschärfe um so geringer aus, je höher die Adaptationsleuchtdichte ist, vorausgesetzt, daß das sich mitbewegende Adaptationsfeld groß genug ist, um die zentrale Netzhaut ununterbrochen und gleichartig zu adaptieren; bei kleinen Feldern bleibt die günstige Wirkung der Adaptationsleuchtdichte auf die dynamische Sehschärfe aus.

Die Qualität der dynamischen Sehschärfe bei Blickhebung und -senkung ist fallweise von praktischer Bedeutung, weil beispielsweise Piloten und in weniger ausgeprägtem Maß auch Kraftfahrer oft den Blick nach unten richten müssen bzw. Instrumente mit Blickstellung nach oben oder unten zu kontrollieren haben. Der übliche Blick nach vorn erfolgt in Fahrzeugen unter geringer Blicksenkung. Die Sehschärfe für bewegte Objekte ist in Geradeausstellung des Blickes am besten (HONEGGER und SCHÄFER, 1968). Bei einer stärkeren Blickhebung oder -senkung fällt die Sehschärfe ab, weil die optosensorische Leistung durch die Notwendigkeit einer ausgiebigen Koordination der Bewegungen aller 6 Augenmuskeln negativ beeinflußt wird. Die Blickhebung ist dabei stärker benachteiligt als die Blicksenkung. Die Mittel- bzw. Optimalstellung der Augen liegt bei 5° Blicksenkung. Bei älteren Menschen ist der Abfall der Sehschärfe in vertikaler oder schräger Blickstellung erheblich größer. Die Koordination der horizontalen Augenmuskeln ist offensichtlich am unkompliziertesten und beeinflußt die sensomotorische Leistung am wenigsten.

2.2. Das stereoskopische Sehen

Zusammenfassung: Die querdisparate Abbildung eines Sehobjektes auf den Netzhäuten beider Augen führt nach Fusionierung zu einer stereoskopischen (dreidimensionalen) Wahrnehmung. Vom stereoskopischen Sehen unter natürlichen Bedingungen ist das haploskopische stereoskopische Sehen zu unterscheiden, das artifiziell durch Fusion zweier ähnlicher Bilder mit querdisparat abgebildeten Bilddetails wesentlich schwieriger zustande kommt als die natürliche Stereoskopie, was sich besonders in der sog. Stereoverzögerung ausdrückt, d. h., die Zeit, die benötigt wird, bis es zu einer dreidimensionalen Empfindung kommt. Phylogenetisch ist die Stereoskopie die höchstentwickelte Stufe des Binokularsehens, dessen Zentren in der Area striata liegen.

Im VECP ist bei beidäugiger Betrachtung eines Objektes die Amplitude höher als die Summe der beiden einäugigen Antworten. Auch querdisparate Reizungen sind im VECP zu erkennen, Messungen der Stereo-Sehschärfe mit Hilfe des VECP sind aber noch unbefriedigend. Zur Bestimmung der Stereo-Sehschärfe (Tiefensehschärfe) wird meistens der Dreistäbeapparat oder eine seiner vielen Variationen verwendet, in den letzten Jahren auch haploskopische Polarisations- und Anaglyphenverfahren, zum Teil mit Random-dot-Mustern, sowie Raster-Abbildungen. Als normale Stereo-Sehschärfe sind Querdisparationen von 5″—45″ zu bewerten. Die Stereoskopie hat besonders im Nahraum bis etwa 10 m Bedeutung.

2.2. The Stereoscopic Vision

Summary: The transverse-disparate picture of an object of vision on the retinae of the two eyes leads to a stereoscopic three-dimensional perception after fusion. From the stereoscopic vision under natural conditions the haploscopic stereoscopic vision is to be differed, which develops artificially by fusion of two equal pictures with transverse-disparately represented details of pictures in an essentially more difficult way than the natural stereoscopy, which particularly expresses itself in the so-called stereoretardation, i.e. the time which is necessary before the three-dimensional sensation appears. Phylogenetically the stereoscopy is the most developed degree of binocular vision, the centres of it lie in the area striata. In the VECP in a binocular observation of an object the amplitude is higher than the sum of the two monocular responses. Also transverse-disparate irritations are to be recognized in the VECP, but measurements of the stereoscopic visual acuity with the help of the VECP are still unsatisfied. For the determination of the stereoscopic visual acuity (deep visual acuity) in most cases the triple bar-apparatus or one of its many variations is used, in recent years also haploscopic polarisation and anaglyphe methods, partly with random-dot-patterns as well as grid demonstrations. Transverse disparations of 5—45″ are to be valuated as normal stereoscopic visual acuity. The stereoscopy is of importance particularly in the near space to ca. 10 m.

2.2.1. Grundlagen

Jede stereoskopische Wahrnehmung basiert auf der querdisparaten Abbildung eines Sehobjektes innerhalb des Gesichtsfeldes auf den Netzhäuten beider Augen. Allerdings spielen zusätzlich Fixationsbewegungen und Augenoszillationen eine Rolle, zumal die Stereo-Sehschärfe um ein Vielfaches kleiner ist als der Durchmesser eines Netzhautzapfens, so daß geradezu eine Notwendigkeit besteht, kleine Mikroschwankungen der Fixation zur Erklärung der erstaunlichen Präzision der Stereo-Sehschärfe mit heranzuziehen; unter statischen Verhältnissen wäre eine Erklärung dieser Feinheit kaum möglich (Adamson, 1951; Ditchburn und Ginsborg, 1953). Die querdisparate Wahrnehmung wird im Cuneus der Sehrinde registriert und anderen Hirnarealen mitgeteilt.

Physiologie und Ophthalmologie sind von anderen Versuchen der Erklärung des stereoskopischen Sehens, z. B. auf Grund von Gestaltvorgängen und von psychischen Faktoren, weitgehend abgerückt und erwähnen diese oft gar nicht mehr. Allerdings wird der sog. zentrale Faktor Hofmanns (1924) und damit die Abhängigkeit des Binokularsehens von komplizierten zentralnervösen Assoziationssystemen voll akzeptiert, die deswegen schwer zu analysieren sind, weil sie sich beim Menschen zu einer enormen Vielfalt entwickelt haben und Tierversuche auf diesen Gebieten schwierig sind (Keidel, 1976). Wegen dieser zentralen Assoziationen wird zehnmal mehr Zeit zur Stereoskopie benötigt als zum bloßen Erkennen. Die Tiefenwahrnehmung ist um so besser, je intensiver die Wettstreitphänomene zwischen beiden Augen sind.

Man spricht von nasaler bzw. ungekreuzter Disparation bei Wahrnehmung von Objekten, die weiter entfernt als der Fixationspunkt liegen, und von temporaler bzw. gekreuzter Disparation bei Wahrnehmung von Objekten, die näher als der Fixationspunkt liegen. Subjektiv gleichweit von den Augen liegende Punkte werden auf sog. identischen Netzhautorten abgebildet. Voraussetzung für gutes stereoskopisches Sehen ist die Projektion der querdisparat abgebildeten Objekte in ein Panumsches Areal. Das Stereosehen wird durch eine Fixationsdisparität nicht bzw. nur sehr gering gemindert (Crone, 1973).

Vom Begriff des stereoskopischen Sehens im freien Raum ist das haploskopische Sehen abzugrenzen, das experimentell bzw. artifiziell durch Fusion zweier Bilder mit querdisparaten Detailabbildungen entsteht. Das Vorliegen einer sensorischen Fusion ist nicht unbedingt Voraussetzung für ein stereoskopisches Sehen (Bourdy, 1974; R. Sachsenweger, 1958).

Die meisten Autoren vertreten die Auffassung, daß die Seheindrücke beider Augen in der Sehrinde alternierend zu einem stereoskopischen Eindruck assoziiert werden (Aulhorn, 1971; Dowrick, 1975; Forde und Mac Kinnon, 1975; Tyler und Sutter, 1979; Ueberschaar, 1975). Herzau (1976) fand dabei als maximales Intervall 400 bis 500 Millisekunden, als minimales Intervall 190 Millisekunden.

Blickbewegungen sind für einen stereoskopischen Eindruck an sich nicht erforderlich (v. Tschermak, 1931). Sie unterstützen aber die Plastizität des visuellen Eindrucks nicht unwesentlich. Es findet gleichsam ein Abtasten der Sehobjekte durch die Blickbewegungen statt. Aber selbst bei Blitzbeleuchtung, bei deren Dauer Augenbewegungen nicht gut denkbar sind, kommt es zu einem groben dreidimensionalen Eindruck.

In der Phylogenese bildet sich allmählich eine immer höhere Qualität des stereoskopischen Sehens aus. Stereoskopie basiert letztlich auf der partiellen Kreuzung der Sehnervenbahnen im Chiasma, und Tiere ohne Chiasmakreuzung, z. B. Vögel, können somit kein echtes stereoskopisches Sehen besitzen. Bei Säugetieren verlagern sich in der Entwicklungsgeschichte allmählich die Augen aus der Seitenposition nach vorn bei gleichzeitiger Rückbildung der Schnauzenpartie; die Gesichtsfelder überlappen sich immer breiter, die Basis der Stereoskopie wird damit immer größer. Bei höher entwickelten Tieren kommt es zusätzlich zu einer regionalen Spezialisierung innerhalb der Retina in Form der Fovea (optosensorische Zentralisation), zu einer präzisen Augenmotilität sowie zu einer exakten Fixation (Bifixation nach Avetisov, 1978). Raubtiere verfügen bereits über ein ausgezeichnetes stereoskopisches Sehen; dadurch wird der Vorteil der Tarnung und Bewegungslosigkeit ihrer Beutetiere verringert. Die Phylogenese des Sehprozesses ist weiterhin gekennzeichnet durch eine umfassende Umorganisation der zentralen Sehzentren.

Die retinozerebralen Sehnervenfasern projizieren außerordentlich präzise die binokularen Eindrücke in die Sehrinde, sie enden an gleichen Rindenzellen. Bei niedrigen Säugetieren liegen die Hauptsehzentren noch im Mittelhirn; die Nervenbahn durch die lateralen Kniehöcker zur Sehrinde entsteht erst allmählich, begleitet durch eine konsekutive Abnahme der Bedeutung der visuellen Mittelhirnzentren (Fox, 1977; Pettigrew, 1979). Die Fläche der Sehrinde verbreitert sich kontinuierlich. Vergesellschaftet war diese Entwicklung beim Menschen mit der Vervollkommnung der Augen-Hand-Koordination und der Herausbildung des aufrechten Ganges. Das binokulare Sehen mit nach vorn gerichteten Sehachsen wurde für diesen Abschnitt der Evolution von wesentlicher Bedeutung.

Nach Bishop (1975) ist die Stereoskopie allerdings der einzige Vorteil, den der Verlust eines großen Panoramagesichtsfeldes, wie es z. B. Kaninchen mit ihren nach der Seite gerichteten Augenachsen besitzen, in der Phylogenese gebracht hat. Tiere ohne stereoskopisches Sehen behelfen sich mit der Sukzessivparallaxe (Frey, 1953), d. h. mit Hin- und Herbewegen des Kopfes und des Körpers. Bei Vögeln, Schlangen, Fischen u. a. ist dieses permanente Bewegen offenkundig.

Wann das stereoskopische Sehen beim Kinde voll entwickelt zu sein scheint, differiert nach der Methode, die zur Prüfung verwendet wird. Verlangt diese Methode eine Mitarbeit des Kindes, dann tritt eine normale Leistung erst am Ende des ersten Lebensjahrzehnts zutage. Wird die Sehleistung mittels visuell evozierter kortikaler Potentiale aus der Sehrinde analysiert, dann ist schon sehr früh ein stereoskopisches Sehen nachweisbar und die Entwicklung offenbar schon nach dem 3. Lebensjahr abgeschlossen (Andree, 1977; Banks, Aslin und Letson, 1975; Lyle und Bridgeman, 1959; Römhild, 1983).

Speziell die Raumorientierung dient zur Bestimmung eines kopfbezogenen Koordinatensystems, zur Feststellung von Geschwindigkeiten der Objekte und zur Trennung der optosensorischen Empfindung für Fremd- und Eigenbewegungen. Die Area 17 in der Sehrinde leistet die Voranalyse, die Area 18 dient hauptsächlich der Perzeption schnellbewegter Objekte und deren Lokalisation, allerdings bei limitiertem Auflösungsvermögen, während der Area 19 die Wahrnehmung bei geringen Objektgeschwindigkeiten zukommt. Aber in diesem Bereich existieren noch große Interpretationslücken (v. Seelen, 1983). Trotz der Mikroelektrodenableitungen gibt es immer noch viele Unklarheiten. Allerdings wirkt sich dabei nachteilig aus, daß sehr viele Ergebnisse der Mikroelektrodenableitungen von einzelnen Zellen im Visukortex an Kaninchen, Katzen und Affen gewonnen wurden (Bishop, 1975), die offensichtlich nur bedingt auf die Verhältnisse beim Menschen anwendbar sind, weil beim Menschen fortgeschrittenere Formen der Binokularität vorliegen.

Die richtungsempfindlichen Zellkomplexe in der Area striata, die 1962 David Hubel und Torsten Wiesel durch Ableitung an Katzenhirnen nachgewiesen haben, geben wesentlich schwächere Impulse ab, sofern die Bewegung in anderer als seitlicher Richtung erfolgt, was der Horizontalparallaxe beider Augen entspricht. Die rezeptiven Felder in der Area striata stellen kleine Areale dar, die sich gegenseitig überlappen. Sie empfangen gleichartige Stimuli von beiden Augen, allerdings mit unterschiedlichen Intensitäten, z. B. bei Vorliegen einer monokularen Dominanz (Äugigkeit); sie differenzieren erstaunlich exakt Reize von identischen und querdisparaten Netzhautarealen. Die Zahl der binokular innervierten Neurone nimmt ab, wenn ein Auge eine Amblyopie zeigt (v. Noorden, 1979). Kleine Disparationen in beiden Augen werden von diesen Feldern besonders exakt registriert. Westheimer und McKee (1979) schließen aus Versuchen mit einem haploskopischen Linienmuster, daß die Stereoskopie nicht auf einer primären Verarbeitung der monokularen Bilder, sondern auf einer direkten Wahrnehmung der Disparation beruht, ähnlich CREUTZFELD (1979). Die stereooptischen Mechanismen sind den Zentren der Formwahrnehmung vorgeschaltet: Es muß somit erst etwas räumlich identifiziert sein, bevor es in seiner Form wahrgenommen werden kann (BAUMGARTNER, 1978).

Auch die VECP-Diagnostik, die beim Menschen wegen ihrer noninvasiven Methodik immer mehr an Bedeutung gewinnt, hat Wesentliches zur Analyse zentraler Vorgänge beim Binokularsehen beigetragen. HARTER, TOWLE, ZAKRZEWSKI und MOYER (1977) sahen ebenso wie Autoren vor ihnen bei binokularer, beidseits gleicher Stimulierung korrespondierender Areale im VECP höhere Amplituden. Bei beidäugiger Beobachtung ist die Amplitude des VECP um 25—30% höher als die Summe der einäugigen Antworten. Dieses Phänomen fehlt bezeichnenderweise beim Strabismus. Aber auch querdisparate Reizung innerhalb der PANUMschen Areale führen binokular zu einer Amplitudenerhöhung (FLORENTINI und MAFFEI, 1970; REGAN und SPEKREIJES, 1970). Stereoblinde weisen diese Amplitudenerhöhung nicht auf. FRIEDBURG (1980) untersuchte im VECP mit Random-dot-Stereotests zunehmender Querdisparation die relative Dichte der kortikalen binokularen Stereoprojektion in unmittelbarer Nähe der Fovea. Die Präzision der stereoskopischen Erkennbarkeit sank mit anwachsender Querdisparation ab.

Zur *Messung der Stereo-Sehschärfe* sind die Ergebnisse des VECP allein schon wegen der Struktur der Random-dot-Muster und der Punktgrößen viel zu grob. Die Auflösungsschwelle im VECP bei Stimulation mit Mustern variabler Querdisparation beträgt bei dem derzeitigen technischen Stand etwa 2,5 Bogenminuten (TEPING und PESCH, 1984); mit einer normalen Stereo-Sehschärfe werden bei Normalsichtigen aber 5—40 Bogensekunden erreicht.

Bekanntlich besteht eine Dominanz der linken Großhirnhemisphäre für die sprachlichen Informationen und die damit zusammenhängenden Funktionen. Bei den visuell-räumlichen binokularen Funktionen praevaliert indessen die rechte Hemisphäre (LEVY und LAWSON, 1978). Es kommen aber viele Abweichungen von diesem Lateralisationsmuster vor (LEHMANN und JULESZ, 1978). Speziell die Fusion einerseits und die Stereoskopie andererseits werden von unterschiedlichen neuronalen Mechanismen gesteuert. Deswegen kann vom Fusionsvermögen nicht auf die Qualität der Stereo-Sehschärfe geschlossen werden (de DECKER und SCHEFFEL, 1978).

2.2.2. Die Bestimmung der statischen Stereo-Sehschärfe

Elementare Kenntnisse über das stereoskopische Sehen und die Stereo-Sehschärfe lassen sich bis ins Mittelalter hinein verfolgen. Bei der modernen Physiologie und Ophthalmologie ist die Stereo-Sehschärfe erstaunlicherweise erst relativ spät auf Interesse gestoßen, obgleich alle Voraussetzungen für ihre Analyse und Prüfung schon vorher vorhanden waren.

In Mitteleuropa haben vor der Jahrhundertwende die Physiologen Hering und v. Helmholtz zur Demonstration der Stereo-Sehschärfe (= Tiefensehschärfe) den sog. *Dreistäbchenversuch* verwendet. Er ist die Standardprüfung auch der Ophthalmologen geworden und hat diese Position bis in die Gegenwart hinein bewahrt, wenn auch im letzten Jahrzehnt in der augenärztlichen und arbeitsmedizinischen Praxis auf der Grundlage moderner Techniken, insbesondere des Polarisations- und Anaglyphenverfahrens, neue Methoden immer stärker Einzug gehalten haben, die allerdings nicht im mindesten die Präzision des Dreistäbchengerätes erreichen. Über den Dreistäbeapparat haben Hering und v. Helmholtz selbst nichts publiziert. Er wurde zum erstenmal 1905 von Hummelsheim vorgestellt und durch eine Publikation von Pfalz (1907) einem weiteren Kreis bekannt gemacht. Die Vorrichtung bestand aus 3 verschieden dicken Stahlnadeln, die senkrecht gestellt waren und vor oder zurück verschoben werden konnten. Die Versuchsperson mußte alle 3 Stäbe in eine Frontoparallele bringen bzw. hatte Angaben über die Tiefenanordnung der 3 Nadeln zu machen.

Diese Prüfungsmethode ist später in vielerlei Weise modifiziert worden. Die wichtigsten Modifikationen stammen von Cords (1912), Davidson (1935), Kessler (1947), Langlands (1929), Litinsky (1936), Perlia (1911), Pfalz (1907), Verhoeff (1933), Woodburne (1934). Howard (1919) und Matsubayashi (1937) verwendeten 2 statt 3 Stäbe. Mehlhose hat den Apparat 1975 mit einer elektrischen Fernsteuerung zur leichteren Verwendung in der augenärztlichen Praxis gebrauchsfähiger zu machen versucht. Das Gerät von Römhild (1983) prüft in einer Entfernung von 45 cm mit drei geschwärzten Drähten (Durchmesser 0,3 mm = 2′ 17″ Öffnungswinkel); die beiden äußeren Drähte können mit Hilfe einer Mikrometerschraube nach vorn und hinten verschoben werden.

Vorteile des Dreistäbegerätes sind vorrangig die natürlichen Sehbedingungen mit realen Sehobjekten sowie die Unmöglichkeit zu jeder Art von Schätzmöglichkeit, z. B. auf Grund von Größenverhältnissen, Linearperspektive und Konvergenzeinstellungen (Haase, 1980).

Hering hat bereits 1879 eine andere Prüfungsmethode zur Messung der Stereo-Sehschärfe angegeben, den sog. *Fallversuch*: Vor und hinter einem vertikal hängenden Faden ließ er eine Kugel herabfallen; der Patient mußte über die Lokalisation dieser Kugel Angaben machen. Noch Bielschowski hat 1923 diese Vorrichtung sehr hoch bewertet. Heute ist sie wegen vieler Unzulänglichkeiten gänzlich verlassen worden. Sie findet hier Erwähnung, weil es sich bei der Kugel um ein mit Fallgeschwindigkeit bewegtes Objekt handelt, das räumlich beurteilt werden muß.

In der ersten Hälfte des 20. Jahrhunderts spielten *haploskopische Verfahren*, vor allem Linsenstereoskope, zur Messung der Stereo-Sehschärfe eine bemerkenswerte Rolle, z. B. in Form der Pulfrichschen stereoskopischen Silhouettentafel (1911). Aber die Sehbedingungen an einem Stereoskop sind artifizieller Natur, und einige Personen mit normalem stereoskopischem Sehen versagen deswegen teilweise oder gänzlich. Gleiches oder ähnliches gilt von anderen haploskopischen Geräten. Zwischen den Prüfungsergebnissen mit realen Sehobjekten und mit haploskopischen Verfahren gibt es darüber hinaus nur geringe Korrelationen (Chevalleraud, Brenneissen, Santucci, 1975; Holland, 1960; Römhild, 1983), weil die sinnesphysiologischen Anforderungen zu weit voneinander abweichen.

Vor und während des 2. Weltkrieges erfuhr die Messung der statischen Stereo-Sehschärfe eine enorme Aktualisierung. Damals entstanden u. a. das Spaltstäbchengerät von Best (1949) sowie das Stereoeidometer von Monjé (1949).

Bei den modernen Meßmethoden der Nachkriegszeit wird ein stereoskopischer Eindruck dadurch erzeugt, daß durch Polarisations- bzw. Anaglyphenhaploskopie jedem Auge ein Bilddetail querdisparat zugesondert wird. Diese Methoden genügen für die augenärztliche Praxis und haben dort wesentliche Vorteile (leichtverständliche Prüfungsaufgabe, schneller Ablauf der Prüfungen, Handlichkeit des Tests in Buchform u. a. m.). Doch weisen sie auch einige Nachteile auf: Sie lassen beispielsweise eine Prüfung der Stereo-Sehschärfe nicht bis an die Grenze des stereoskopischen Leistungsvermögens zu, erzeugen den Stereoeindruck nur artifiziell und schaffen damit für einige Probanden Schwierigkeiten in der Wahrnehmbarkeit der simulierten Raumsituation. Oft kommt es zur sog. *Stereoverzögerung*. Darunter wird die individuell sehr unterschiedliche Zeit verstanden, die verstreicht, bis sich die querdisparat gesehenen Bilddetails zu einem Stereoeindruck vereinen. Bei Darbietung natürlicher räumlicher Situationen sind derartige Verzögerungen, die bis zu 15 Sekunden dauern können, unbekannt. In den modernen Tests werden sehr unterschiedlich Stereooptotypen verwendet, die den elementaren Anforderungen an Schwärzung und Kontrast nicht gerecht werden.

Immer häufiger finden Random-dot-Muster (Fleckverfahren) Verwendung (Aschenbrenner, 1954; Julesz, 1964; Shipley, 1971). Die mit diesen Tests gewonnenen Ergebnisse weichen allerdings erheblich voneinander ab (Campos und Enoch, 1980; van Lear, Blum und Niesel, 1982; Reinecke und Simon, 1974; Westheimer und McKee, 1979). Offenbar ist die Stereo-Schwelle bei Random-dot-Tests deswegen höher als bei realen Sehobjekten, da es sich nicht um Konturen, sondern um Flecken handelt. Punktgröße und -konfiguration sind für deren Erkennbarkeit wichtig. Mit realen Tiefenunterschieden arbeitet der Frisby-Test (Frisby, Mein, Saye und Stanworth, 1975); er dient vor allem der Prüfung von Kindern in orthoptischen Abteilungen. Von Doege und Krause (1977) stammt der Versuch, das Rastertrennverfahren zur Prüfung der Binokularfunktionen einzuführen. Anstelle der Streifenraster können auch mikrooptische Walzenlinsenraster verwendet werden. Auch Random-dot-Testraster sind bei dieser Methode verwendbar (LANG, 1983).

Bei den modernen Tests steht die Praktikabilität im Vordergrund: Sowohl Augenärzte als auch Arbeitsmediziner benötigen rasch durchführbare stereoskopische Prüfungsmethoden, mit denen die Existenz bzw. die ungefähre Qualität der Stereo-Sehschärfe festgestellt werden können; die Ermittlung der individuellen Leistungsgrenze der Stereoskopie ist dabei weniger bedeutsam als die Orientierung darüber, ob Stereopsis überhaupt besteht oder nicht.

Bemühungen, um die Stereo-Sehschärfe bei bewegten Objekten zu prüfen, hat es offensichtlich noch nie gegeben. Bei allen bisher bekannten Methoden und Geräten bleibt der Test in Ruhe, von dem HERINGschen Fallversuch (1879) abgesehen.

2.2.3. Die Qualität der Stereo-Sehschärfe

Als erster hat v. HELMHOLTZ die Tiefensehschärfe (Stereo-Sehschärfe) gemessen und fand als Schwelle der Querdisparation 60″. Er schloß daraus irrtümlicherweise, daß normale Sehschärfe und Stereo-Sehschärfe etwa übereinstimmen. Ganz unrecht hatte er damit allerdings nicht, sofern man berücksichtigt, daß eine Winkelminute seit langem nicht mehr als Normwert für die Sehschärfe bewertet wird.

Später fanden nahezu alle Autoren kleinere Schwellenwerte. HOWARD (1919) sah bei 25 seiner Versuchspersonen einen Querdisparationswinkel von 1,89″ bis 5″, TEICHNER, KOBRICK und WEHRKAMP (1955) registrierten sogar Werte von 0,47″ und 0,11″. Werte unter 2″ fanden auch ANDERSON und WEYMOUTH (1923) sowie LANGLANDS (1929). Nach SCOTT und MASCH (1974) stellen 2″ das Optimum der Stereo-Sehschärfe dar.

Berücksichtigt man die Messungen, die bei besonderen Berufsgruppen vorgenommen worden sind, dann dürfte eine Schwelle von 5″ bis 10″ als sehr gut zu bewerten sein und 10″ bis 30″ als normal bzw. als ausreichend gelten (GEHRKE, 1965). Schwellenwerte schlechter als 45″ können nicht mehr als normal angesehen werden. FREJMAN (1940) hat vorgeschlagen, daß am Dreistäbeapparat bei einer Beobachtungsentfernung von 5 m eine Stereosehleistung von 20 mm als 1,0 (= normal, das sind 10,5″) gewertet werden sollte; alle anderen Werte könnten dann in Dezimalbrüchen ausgedrückt werden. Stets ist dabei zu berücksichtigen, daß die Werte für die Stereo-Sehschärfe sehr apparate- und methodenspezifisch ausfallen. In der Geodäsie und Kartographie halten FELDES und RÖMHILD (1981) für die Auswertung stereoskopischer Luftbildaufnahmen eine Stereo-Sehschärfe von mindestens 8″ für erforderlich. Speziell für Fliegeranwärter hat LITINSKI (1936) 10″ gefordert, COLAJANNI (1939) 7,5″. Daß in einigen Statistiken Frauen im Durchschnitt eine verminderte

Stereo-Sehschärfe aufweisen, ist vermutlich auf eine geringere durchschnittliche Pupillardistanz zurückzuführen.

Die reale Differenz zwischen den beurteilenden tiefendistanten Konturen ist naturgemäß von der Entfernung des Sehobjektes abhängig. Die reale erkennbare Tiefendistanz vergrößert sich dabei mit dem Quadrat der Entfernung. Bei Änderung der Prüfungsentfernung haben die meisten Autoren gleiche oder ähnliche Werte für die individuellen Querdisparationen gefunden (JAMESON und HURVICH, 1959, MICKO, 1955/56; OGLE, 1958; VESPER, 1965). Allerdings müssen bei Vergleichsmessungen in verschiedenen Entfernungen die Prüfungsbedingungen konstant gehalten werden, vor allem die Dicke der Stäbe, die Sehschärfe für Nähe und Ferne, die Leuchtdichte des Restfeldes und im Prüfungsraum u. a. m. Immerhin gibt es bei einzelnen Personen auffällige Differenzen zwischen der Stereo-Sehschärfe für Ferne und Nähe (RÖMHILD, 1983; M. SACHSENWEGER, 1984).

Nach UEBERSCHAAR (1976) umfaßt beim Blick in die Ferne die Stereowahrnehmung einen Bereich bis 650 m. Im praktischen Leben spielt das stereoskopische Sehen aber nur bis etwa 50 m Entfernung eine Rolle, nach HARTMANN und STÖCKER (1983) nur bis 20 m, nach BAUMGARTNER (1978) und GIPSON (1966) sogar nur bis 10 m. Bei weiten Entfernungen tritt ihre Bedeutung gegenüber jener der empirischen Faktoren der Raumwahrnehmung zurück, die auch Einäugigen zur Verfügung stehen.

Bei der Prüfung der Stereo-Sehschärfe am Dreistäbchenapparat ist die Schwelleneinstellung des Mittelstabes nach hinten bei Prüfungsentfernungen von 4—5 m kleiner als bei einer Einstellung vor den Außenstäben. Bei nahen Prüfungsentfernungen, etwa von 30—40 cm, ist das Verhältnis gerade umgekehrt. Ursache hierfür ist die HERING-HILLEBRANDsche Horopterabweichung. Der Horopter, d. h. die subjektive Frontoparallele, verläuft beim Sehen in die Nähe konkav, in die Ferne aber konvex zum Beobachter. Diese Differenzen erschweren die Beurteilung der Prüfungsergebnisse; sie haben dazu geführt, daß bei den meisten modernen Stereotests prinzipiell nur eine Einstellung nach vorn gewählt worden ist.

2.3. Die Bewegungsparallaktoskopie

Zusammenfassung: Sowohl aktive als auch passive Bewegung verursachen eine unterschiedliche Verschiebung der Objektkonturen im Sehfeld, die Bewegungsparallaxe genannt wird: Nahegelegene Objekte bewegen sich scheinbar gegensinnig, ferne Objekte gleichsinnig mit dem Beobachter. Die Bewegungsparallaktoskopie ist eine empirische Raumwahrnehmung, erfolgt aber spontan und unbewußt. Sie beruht auf der Bewegungsparallaxe während einer Bewegung, zum Unterschied zur Stellungsparallaxe beider Augen bei der Stereoskopie. Das bewegungsparallaktische Sehen hat besonders für weitere Entfernung Bedeutung. Die bewegungsparallaktoskopische Raumsehschärfe ist etwa viermal gröber als die statische Stereo-Sehschärfe. Die bisher vereinzelt zur Bestimmung der Bewegungsparallaktoskopie angegebenen Geräte haben keine praktische Bedeutung erlangt.

2.3. The Dynamic Parallactoscopy

Summary: In monocular observation both the active and the passive movement causes a different deviation of contours in the field of vision which is called kinetic parallax (dynamic parallactoscopy): near objects apparantly move in counter-direction, far objects in the same direction with the observer. The dynamic parallactoscopy is an empiric three-dimensional perception, but it takes place spontaneously and unconsciously. It is based on a kinetic parallax before and after a part of movement, in contrast to the position parallax of the two eyes in stereoscopy. The dynamic parallactic vision is of importance particularly for farther distances. In comparable situations the dynamic parallactoscopy is about four times coarser than the stereoscopy. The up to now sporadically mentioned devices for the determination of the dynamic parallactoscopy did not obtain any practical significance.

2.3.1. Grundlagen

Unter räumlichem Sehen auf der Basis der Bewegungsparallaxe ist der dreidimensionale Eindruck zu verstehen, der sich einem Beobachter auch bei einäugigem Sehen dann zwingend aufdrängt, wenn er sich im Verhältnis zu einer Anzahl von Sehobjekten in seinem Gesichtskreis in einer Relativbewegung befindet, z. B. durch Kopf- oder Körperbewegung (*aktive* Bewegungsparallaktoskopie) oder beim Blick auf sich eigenständig bewegende Objekte (*passive* Bewegungsparallaktoskopie). Letzteres ist auch im Film bzw. Trickfilm nachzuvollziehen bzw. vorzutäuschen (v. Tschermak, 1947). Es kommt dabei für den Beobachter visuell zu einer Verschiebung der Objektkonturen zueinander: Näher gelegene Objekte bewegen sich gegensinnig und schnell, hinter dem Fixationspunkt liegende Objekte langsam und etwa gleichsinnig, Objekte in der Entfernung des Fixationsobjektes scheinen still zu stehen. Der Effekt tritt auch ein, wenn der Beobachter sich nach vorn, also zum Objekt hin bewegt: Nähere Gegenstände kommen mit scheinbar zunehmender Geschwindigkeit auf ihn zu bzw. weichen zur Seite aus, weit entfernte Gegenstände scheinen sich mit ihm in der gleichen Richtung zu bewegen. Der fixierte Gegenstand wird auf diese Weise nicht nur mit den besten Sehbedingungen, d. h. am exaktesten wahrgenommen; alle anderen Objekte können auch leicht vom Fixationsobjekt differenziert werden (Körner und Dichgans, 1968).

Der Raumeindruck auf Grund der Bewegungsparallaxe gehört zu den empirischen Faktoren der Raumwahrnehmung und ist somit die Folge eines Lernprozesses; er fehlt bei kleinen Kindern regelmäßig. Die bewegungsparallaktoskopische Tiefenlokalisation erfolgt dennoch unbewußt, nahezu reflektorisch. Es ist äußerst schwer, ihre Qualität in exakten Daten zu erfassen, zumal sie von mehreren Faktoren abhängig ist. Bei sehr schnellen Bewegungen, auch bei Filmaufnahmen, kann es auf Grund der Bewegungsparallaxe zu einem überplastischen Eindruck kommen. Die bewegungsparallaktoskopischen Verschiebungen der Objekte im Sehraum zueinander sind Scheinbewegungen. Für ihre Erkennung ist eine Mindestgeschwindigkeit erforderlich, die etwa dem Grenzwert für die Erkennung der Lageunterschiedlichkeit entspricht. Aber auch eine obere Geschwindigkeitsgrenze ist vorhanden, bei deren Überschreitung die Erfassung der scheinbaren Lageveränderung besonders im Nahraum kaum oder überhaupt nicht mehr möglich ist. Dabei spielt auch der Abstand Beobachter—Objektformation eine Rolle. Die Bewegung kann sowohl horizontal als auch vertikal oder schräg erfolgen; die Verschiebungen zwischen den vom Beobachter unterschiedlich entfernten Objekten sind bei jeder Art von geradliniger Bewegung gleich.

Die Bewegungsparallaktoskopie kommt sowohl bei aktiven als auch bei passiven Bewegungen zustande; der Effekt ist bei beiden der gleiche. Unter aktiver Bewegung wird jede Art von Eigenbewegung des Kopfes oder Körpers verstanden, beispielsweise jene beim Gehen und Reiten, bei der sowohl in der Horizontalen als auch in der Vertikalen rhythmische parallaktische Objektverschiebungen entstehen. Passive Bewegungen werden durch Fortbewegung in einem Fahrzeug ausgelöst. Die Bewegungsrichtung verläuft dabei meistens horizontal. Aber auch vertikale passive Bewegungen sind möglich, z. B. in einem offenen Fahrstuhl. A. v. TSCHERMAK (1938) nennt dafür ein sehr instruktives Beispiel: Ein Stabwerk, z. B. der Stromabnehmer einer Straßenbahn, ist in mittleren Entfernungen mit Hilfe der Stereoskopie allein nicht plastisch zu erkennen; aus der Bewegung heraus oder beim Anfahren der Straßenbahn kommt es augenblicklich zu einem dreidimensionalen Eindruck.

Der räumliche Eindruck auf der Basis der Bewegungsparallaxe entsteht wie jener bei der Stereoskopie spontan und zwangsläufig. Die Tiefenlokalisation auf Grund von Überlegungen bzw. mit einer Analyse des Gesehenen vorzunehmen, ist unter Berücksichtigung der Geschwindigkeit und der scheinbaren oder tatsächlichen Bewegungsrichtung aber theoretisch durchaus möglich, etwa durch die Assoziation: Mitgehend = ferner liegend, zurückbleibend = näher liegend.

Bei der Stereoskopie beruht demgegenüber der Tiefeneindruck auf der Stellungsparallaxe beider Augen. Die Stereoskopie erlaubt gerade bei ruhenden Objekten einen sehr genauen räumlichen Eindruck, der etwa 4mal präziser ist als der Raumeindruck durch die Bewegungsparallaktoskopie. Sie setzt jedoch ein intaktes Binokularsehen voraus; beim Sehen in die Ferne (> 650 m) ist sie total aufgehoben und versagt auch bei horizontalen Konturen der Sehobjekte, wenn querdisparate Abbildungen infolge der horizontalen Stellungsparallaxe beider Augen fehlen. Sofern beide Beurteilungsmöglichkeiten zur Verfügung stehen, also Stereoskopie und Bewegungsparallaktoskopie, dann unterstützt die Bewegungsparallaktoskopie das stereoskopische Sehen nennenswert; nach v. TSCHERMAK (1938) wird dabei das Raumsehvermögen durch Stereoskopie um mindestens 25% gesteigert.

Räumliches Sehen auf Grund der Bewegungsparallaxe ist zwar schon seit langer Zeit ein bekanntes Phänomen, aber auch heute noch besteht eine bemerkenswerte Uneinheitlichkeit in der Terminologie. A. v. TSCHERMAK (1938) hat von Parallaktoskopie gesprochen. Dieser Ausdruck ist jedoch ungenau, weil das stereoskopische Sehen ebenfalls auf einer Parallaxe, der sogenannten *Stellungsparallaxe* beider Augen, beruht, die dem Pupillarabstand entspricht. In der Astronomie existiert der Begriff der *Zeitparallaxe*, mit der u. a. die Entfernung der Sterne meßbar ist. Der Ausdruck Parallaktoskopie erfaßt somit nicht den ausschlaggebenden Faktor, den der Bewegung. Genauer ist der Ausdruck *Bewegungsparallaktoskopie* oder *dynamische Parallaktoskopie* zwecks Abgrenzung zur Stellungsparallaxe und Zeitparallaxe. GUIST (1922) beklagte die ungenaue Definition speziell des Begriffes parallaktische Verschiebung und stellte grundlegende Untersuchungen über die geometrische Basis dieser Verschiebung an. Im älteren Schrifttum wird zuweilen auch der Ausdruck kineoskopische Parallaktoskopie gefunden.

Die sogenannte Tiefenschärfe hängt mit der Qualität des räumlichen Sehens überhaupt nicht zusammen, sondern bezieht sich als Begriff aus der Photo- und Filmtechnik ausschließlich auf die Abbildungsqualität eines Bildes durch ein optisches Linsensystem unter besonderer Berücksichtigung der räumlichen Distanzen, in denen die Abbildung noch scharf ist.

Am besten ist es jedenfalls, beim Raumsehen auf der Grundlage der Bewegungsparallaxe von *bewegungsparallaktischem Raumsehen* oder dynamischer Parallaktoskopie zu sprechen.

Die dynamische Stereoskopie tritt in vielen Situationen mit der dynamischen Parallaktoskopie in Wettbewerb und hat insbesondere in der Nähe bei der Erkennung dreidimensional angeordneter Sehobjekte ein wesentlich höheres Leistungsniveau als das bewegungsparallaktische Sehen (HARTMANN und STÖCKER, 1983).

Die wichtigsten Unterschiede zwischen Bewegungsparallaktoskopie und dynamischer Stereoskopie sind in Tabelle 1 gegenübergestellt.

Tabelle

Begriffe der Stereoskopie und der dynamischen Parallaktoskopie

Form des Raumsehens	Stereoskopie	dynamische Parallaktoskopie (bewegungsparallaktisches Raumsehen)
visuelle Leistungsschwelle	Stereo-Sehschärfe, Tiefensehschärfe	bewegungsparallaktische Raumsehschärfe
Sehweise	binokulare Tiefenlokalisation in Ruhe und in Bewegung	auch monokular mögliche Tiefenlokalisation; Bewegung gegenüber dem Sehobjekt erforderlich
Konturen	gebunden an vertikale Konturen	vertikale, horizontale und schräge Konturen, je nach der Bewegungsrichtung (Horizontal- und Vertikalparallaxen)
Leistungsvermögen	statische Stereo-Sehschärfe etwa 5–45″ Querdisparation, ab 650 m aufgehoben	abhängig von Beobachtungswinkel und relativer Tiefendifferenz; Entfernung unbegrenzt
visuelle Grundlage	Stellungsparallaxe = Pupillenabstand, (Simultanparallaxe)	Bewegungsparallaxe, Beobachtungswinkel zwischen Ausgangs- und Endlage der Bewegung (Sukzessivparallaxe)

2.3.2. Prüfungsgeräte

Für die qualitative Bestimmung des Raumsehens auf der Basis der Bewegungsparallaxe sind auffallend wenig Geräte konstruiert worden, die zudem erhebliche Unvollkommenheiten aufweisen; dies steht im krassen Unterschied zu den Apparaten und Methoden zur Messung der Stereo-Sehschärfe (Tiefensehschärfe), die in einer großen Vielfalt angegeben worden sind. Nahezu alle diese Geräte stammen aus der ersten Hälfte unseres Jahrhunderts, als es darum ging, den Grad der Erwerbsfähigkeitsminderung (des Körperschadens) bei Verlust eines Auges und die Möglichkeiten der Kompensation des beidäugigen Sehens durch Kopfbewegungen in der Begutachtungspraxis festzulegen. Nach dieser Periode hat sich kaum noch ein Autor mit der Bewegungsparallaktoskopie befaßt. So ist es erklärlich, daß alle bislang angegebenen Geräte und Methoden weder dazu geeignet noch dazu gedacht sind, das bewegungsparallaktoskopische Leistungsvermögen unter den verschiedensten Aspekten zu prüfen. Alle Geräte engen die Bewegungsmöglichkeiten auf das Ausmaß von Kopfbewegungen ein, z. T. auf eine Bewegungsparallaxe bis zu 10 cm. Qualitätsbestimmungen, wie sie für Beurteilungen von Situationen im Straßenverkehr, bei der beruflichen Arbeit und im Sport erforderlich sind, sind damit ausgeschlossen. Aber auch wissenschaftliche Analysen der visusensorischen Leistung der Bewegungsparallaktoskopie sind mit diesen älteren Methoden nicht möglich.

Pfalz hat 1907 einen Apparat angegeben, der ausschließlich für die gutachterliche Beurteilung der einäugigen Tiefenwahrnehmung verwendet werden konnte. Sein Stereooptometer war von Anfang an umstritten, vor allem, weil an dem Apparat auch taktile und Lageempfindungen eine Rolle spielen, ähnlich einem von Perlia (1911) angegebenen Gerät.

Cords (1913/14) hat eine Versuchsanordnung beschrieben, bei der das räumliche Sehen auch auf Grund parallaktischer Verschiebung qualitativ ermittelt werden kann. Die Vorrichtung besteht aus 2 gleichseitigen Dreiecken, deren Spitzen (Abb. 3f) aufeinander zugerichtet sind. Das untere Dreieck kann nach vorn und zurück verschoben werden. Die Stellung der beiden Dreiecke beurteilt der Proband durch einen Einblickschlitz. Sofern auch eine Bestimmung der Bewegungsparallaxe erfolgen soll, wird der Einblick verbreitert, so daß der Kopf in einem bestimmten Ausmaß hin und her bewegt werden kann, auch bei einäugigem Sehen. Die horizontalen Kopfbewegungen konnten durch eine an den Kopf angebrachte Schreibhalterung aufgezeichnet werden. Der Nachteil dieses Gerätes besteht in der Verwendung schräger Konturen, deren stereoskopische Wertigkeit schwer definierbar und individuell unterschiedlich ist.

Cords fand mit diesem Gerät, daß bei Kopfbewegungen bis zu 3 cm die monokulare Tiefenwahrnehmung kaum ins Gewicht fällt; bei Kopfbewegungen über 3 cm war das Raumsehen eindeutig besser.

Colenbrander (1949) verwendete zu seinen Untersuchungen der einäugigen Bewegungsparallaktoskopie eine Dreistäbeanordnung mit einem augennahen Durchblickspalt unterschiedlicher Breite, maximal 6 cm; der Kopf durfte beliebig schnell hin und her bewegt werden. Die Prüfungsergebnisse waren abhängig sowohl von dem Seitenabstand des Spalts als auch von der monokularen Sehschärfe. Die binokulare Tiefensehschärfe war unter den gegebenen Versuchsbedingungen durchschnittlich 4mal besser als die Schwelle des monokularen räumlichen Sehens auf Grund der parallaktischen Verschiebungen durch Kopfbewegung. Colenbrander verwendete u. a. auch den Film zur Untersuchung der dynamischen Parallaktoskopie, indem er die Filmkamera seitlich bewegte.

Das *Parallaktoskop*, 1938 von dem Sinnesphysiologen v. Tschermak angegeben, wurde mit dem Vorsatz konstruiert, alle anderen Faktoren der Raumbeurteilung zu exkludieren und ausschließlich die Leistung der dynamischen Parallaktoskopie zu erfassen; speziell sollte die Vorstellung einer räumlichen

Situation auf Grund der statischen Ausgangslage, ohne daß eine Bewegung überhaupt stattgefunden hat, unmöglich gemacht werden. Am Parallaktoskop konnte ebenfalls die Raumwahrnehmung ausschließlich durch Hin- und Herbewegung des Kopfes zustande kommen. Der Konstruktion des Parallaktoskops ging eine elementare Apparatur voraus, an der v. TSCHERMAK offensichtlich seine Studien über die Bewegungsparallaxe begann. Sie bestand aus einer etwa 10 cm breiten wie hohen vierkantigen Pappröhre; der Beobachter konnte somit gegebenenfalls auch mit beiden Augen sehen. In der Röhre waren Drähte in verschiedener Dicke und in verschiedenen Entfernungen parallel eingespannt.

Das Parallaktoskop gestattete aber wesentlich subtilere Untersuchungen. Es enthielt 3 senkrecht bzw. waagerecht einstellbare parallele Drahtgruppen mit je 4 Drähten in 21—40 cm Beobachtungsabstand. Die beiden äußeren Stabgruppen standen fest. Die mittlere Stabgruppe sollte so vom Beobachter hin- und hergeschoben werden, daß sie mit den Außenstäben in einer Frontoparallelen erschien. Der Abstand der Drähte in den Vierergruppen betrug 5 mm, zwischen den Gruppen 14 mm. Der Hintergrund war wahlweise schwarz oder weiß. Die Stäbekonstruktion wurde von der Seite her beleuchtet. Die Testkonfiguration konnte leicht um 90° gedreht werden, um eine Prüfung auch mit horizontal gestellten Drähten zu ermöglichen. Der Einblick war 12 cm breit und hoch. Die Bewegung des Kopfes konnte durch Seitenblenden in beliebigem Ausmaß begrenzt werden. Empirische Faktoren der Raumwahrnehmung, besonders die Größenveränderung bei Näherung, wurden ggf. durch Wahl verschieden dicker und verschieden farbiger Drähte sowie durch verschieden breiten Abstand der Drähte vermieden.

Auch diese Apparatur sollte vorrangig der Messung der Tiefenlokalisationsfähigkeit Einäugiger bei rhythmisch bewegtem Kopf dienen. Insgesamt ergab sich, daß bei Kopfbewegungen die Schwankungsbreite der Einstellungen monokular fast doppelt so breit ist wie binokular, allerdings nur für vertikal gestellte Fäden bei horizontalen Kopfbewegungen. Bei horizontal gestellten Fäden und vertikalen Kopfbewegungen gibt es zwischen binokularem und monokularem Sehen nur wenig Differenzen. Bei stillstehendem Kopf ist das Raumsehen monokular etwa 200mal schlechter als mit Kopfbewegungen. Binokular waren die Einstellungen ohne jede Kopfbewegung mindestens um 25% besser als monokular bei horizontalen Kopfbewegungen. Die Bewertung der Untersuchungsergebnisse in der Abhandlung von v. TSCHERMAK (1938) ist allgemein gehalten und läßt die Möglichkeit eines Vergleichs nicht zu. Offensichtlich wurden mit diesem Gerät keine Reihenuntersuchungen vorgenommen, Angaben über die Zahl der Versuchspersonen fehlen jedenfalls, ebenso statistische Berechnungen.

Bei der Aufforderung, die Mittelstäbe in eine Frontparallele mit den außen stehenden zu bringen, wurden auffallenderweise die Mittelstäbe fast immer zu weit nach hinten eingestellt. Dies ist bei stereoskopischem Sehen wegen der Krümmung des Horopters die Regel (s. Kap. 2.2.3.). Bei einäugigem Sehen ist dies aber schwer erklärbar: v. TSCHERMAK ist auf dieses Phänomen nicht näher eingegangen.

Die Raumwahrnehmung auf Grund der Bewegungsparallaxe beträgt bei mittleren Geschwindigkeiten nur ein Viertel der statischen Stereo-Sehschärfe (COLENBRANDER, 1949; OLOFF und PODESTA, 1937). Nach HOWARD (1919) ist die binokulare Schwelle der Tiefenwahrnehmung mittels Stereoskopie bis zu 20mal genauer als die monokulare Schwelle auf Grund der Bewegungsparallaktoskopie; er gab ein Prüfungsgerät an, den Howard-Dollman-Apparat, mit dem PIERCE und BENTON (1975) aber fanden, daß binokular drei- bis viermal besser gesehen wird als monokular. Nach FREY (1977) entspricht die Bewegungsparallaktoskopie etwa einer mittleren Leistung der Stereoskopie, d. h. einer Querdisparation von 20″ bis 30″.

2.4. Weitere empirische Faktoren des räumlichen Sehens

Zusammenfassung: Neben der Bewegungsparallaxe gibt es noch andere empirische (nichtstereoskopische), sog. sekundäre Faktoren der Raumwahrnehmung: Perspektive, Sehgrößenvergleich, Schattenwurf, Helligkeits- und Farbnuancierung, Objektüberdeckung u. a. m. Sie sind nicht an ein Binokularsehen gebunden und erreichen fallweise eine beachtliche Genauigkeit. Im täglichen Leben sind sie von nicht unerheblicher Bedeutung.

2.4. Further Empiric Factors of Stereoscopic Vision

Summary: Apart from the kinetic parallaxe there are still other empiric (non-stereoscopic), so-called secondary factors of the three-dimensional perception: perspective, comparison of the visual size, shadow, modulation of brightness and colour, cover of the object and many others. They are not bound to a binocular vision and achieve occasionally a considerable exactness. They are of enormous importance in everyday life.

Neben dem bewegungsparallaktischen Sehen gibt es noch eine Vielzahl weiterer empirischer nichtstereoskopischer, sog. sekundärer Faktoren der Raumwahrnehmung: Geometrische oder Linearperspektive, subjektiver Vergleich von Sehgröße und Sehwinkel, Luftperspektive, Helligkeitsnuancierung, Objektüberdeckung und Überschneidung von Konturen u. a. m.

Das querdisparate Stereosehen dominiert beim Menschen bis zu einer Entfernung von etwa 20 m. In Entfernungen über 40 m überwiegen auch bei binokular Sehenden die empirischen Faktoren der Raumwahrnehmung. Zwischen 20 und 40 m kommen beide Sehweisen je nach Situation gleichermaßen zur Geltung (HARTMANN und STÖCKER, 1983).

Die empirischen Faktoren der Tiefenwahrnehmung haben den beachtlichen Vorteil, daß sie an ein intaktes beidäugiges Sehen nicht gebunden sind, also auch monokular wirksam werden können. Mit ihrer Hilfe finden sich auch Einäugige im täglichen Leben bei der Beurteilung räumlicher Situationen brauchbar zurecht. Sie betreffen sowohl sich bewegende als auch ruhende Objekte, mit Ausnahme der Bewegungsparallaktoskopie (s. Kap. 2.3.), und gestatten in besonders gelagerten Fällen eine beachtlich präzise Raumbeurteilung (BISHOP, 1975).

Durch die *geometrische Perspektive* (*Linearperspektive*) laufen alle richtungsgleichen Linien im Sehfeld bzw. in einer bildlichen Darstellung in einem Punkt, dem sog. Fluchtpunkt, zusammen. Eng damit zusammen hängen *Sehgröße* und Sehferne: Die Entfernung eines Gegenstandes kann bei Kenntnis seiner absoluten Größe durch das Ausmaß des Netzhautbildes ungefähr bestimmt werden. Objekte, deren Originalgröße unbekannt ist, erscheinen bei kleinerem Sehwinkel entfernter als bei größerem. Bei einem Vergleich gleichgroßer Objekte in unterschiedlicher Entfernung ohne sonstige Anhaltspunkte ist der räumliche Eindruck geradezu zwingend: Das näher gelegene Objekt erscheint dem Beobachter größer.

Daß beim Phänomen der Linearperspektive der entferntere Gegenstand nicht einfach nur kleiner gesehen, sondern in eine Relation zu anderen Objektgrößen gesetzt wird, hängt damit zusammen, daß den einzelnen Netzhautelementen nicht eine feste bzw. absolute, sondern nur eine relative Sehrichtung zukommt; sie besitzen nur Ordnungs- oder Gruppierungswert, nicht aber stabilen Maß- oder Abstandswert (v. TSCHERMAK, 1947). Entscheidend für den Gesamtmaßstab ist nicht der objektive Abstand, sondern die Entfernungsvorstellung, die der fixierte Gegenstand beim Beobachter erweckt.

Unter *Luftperspektive* versteht man die Erscheinung, daß infolge zunehmender Dicke der vorgelagerten Luftschichten in Abhängigkeit von Wasserdampf- bzw. Staubgehalt eine Trübung im Gesichtsfeld eintritt und die Konturenschärfe um so mehr abnimmt, je weiter das Objekt entfernt ist. Dadurch erscheinen die Gegenstände an ihren Umrissen und speziell in ihrer Oberflächenstruktur minder deutlich und in ihrer Farbe ins Bläuliche verändert. Als Folge des geminderten Randkontrastes heben sich die Säume jedes näherliegenden Objektes dunkler gegenüber angrenzenden ferneren Flächen ab. Für die Plastik bei kulissenartig gegliederten Fernsichten spielt die Luftperspektive eine große Rolle.

Die Verteilung von Licht und Schatten stellt in Verbindung mit der Perspektive einen gewichtigen Anhaltspunkt zur einäugigen Tiefenlokalisation dar. Konkurrieren Licht- und Schattenverteilung einerseits und Perspektive andererseits mit der Querdisparation, so kommt es häufig zu einer Scheinplastik. Die Licht-Schatten-Verteilung haben viele Maler und Graphiker genutzt, um ihren Bildern den Eindruck einer immensen Raumtiefe zu verleihen. Auch im täglichen Leben sind zur Erkennung der Körperlichkeit Helligkeitsunterschiede wichtig: Wenn eine weiße Fläche nur um 0,5° geknickt wird, dann ergibt sich daraus ein bereits erkennbarer Leuchtdichteunterschied, und die Fläche erscheint nicht mehr eben.

Sofern klar erkennbar, stellt eine *Objektüberdeckung* bzw. eine Überschneidung von Konturen ein besonders eindeutiges Merkmal für die Positionen im Raum dar. Sie verhindern' ggf. den Tiefeneindruck durch Stereoskopie und stellen wohl den zwingendsten Faktor zur Erzeugung eines Raumeindrucks bezüglich des ‚näher' und ‚ferner' dar.

Die Entfernungswahrnehmung auf Grund von *Konvergenz* und *Akkommodation* ist äußerst mangelhaft. Die Konvergenz kann erst unterhalb von etwa 4 m eine Rolle spielen (Hartmann und Stöcker, 1983). Selbst das Fusionieren auf sehr nahegelegene Objekte und die dabei deutlich spürbare Anspannung der Augenmuskeln kann lediglich dazu dienen, die Objektentfernung im unmittelbaren Nahbereich grob einzuschätzen. Bezüglich der Akkommodation steht fest, daß sie — auf sich allein gestellt — ein untaugliches Mittel zur Entfernungsbeurteilung ist.

2.5. Das Bewegungssehen

Zusammenfassung: Langsame Objektbewegungen lösen synchron verlaufende Augenfolgebewegungen, schnelle Geschwindigkeiten sakkadische Augenbewegungen mit vielen Korrektursprüngen aus. Die Wahrnehmungsschwelle für Bewegungen liegt in der Netzhautperipherie niedriger, die Auffälligkeitsschwelle höher als in der Netzhautmitte. Die neurophysiologischen Erkenntnisse über das Bewegungssehen wurden fast ausschließlich an Tieren mit Mikroableitung gewonnen und sind auf den Menschen nicht ohne weiteres zu übertragen, der höhere, weiterentwickelte Formen der optosensorischen Wahrnehmung besitzt. Den verschiedenen Arten von Scheinbewegungen liegen sowohl retinale als auch zentrale Faktoren zugrunde.

2.5. The Kinetic Vision

Summary: Slow movements of the object evoke synchronously passing secondary movements of the eyes, rapid velocities, saccadic movements of the eyes with many corrective jumps. The threshold of the perception for, movements is lower at the periphery of the retina, the threshold of peculiarity is higher than in the middle of the retina. The neurophysiologic knowledge on kinetic vision was nearly exclusively obtained on animals by means of microderivation and cannot implicitly be transferred to man who possesses higher developed forms of the optosensory perception. Both retinal and central factors underlie the various kinds of apparant movements.

Über die Wahrnehmung bei Bewegungsvorgängen hat sich im Verlauf der letzten hundert Jahre ein enormes Wissen angesammelt. Im allgemeinen unterscheidet man das Sehen von sich bewegenden, realen Objekten mit retinaler Bildwanderung bei Fixationsruhe, das Sehen eines sich bewegenden Beobachters bei ruhenden Sehobjekten bzw. vice versa mit Augenfolgebewegungen und Mischformen von beiden. Auch experimentell erzeugte Bewegungswahrnehmungen, z. B. beim Sehen durch ein rotierendes Prisma, wobei die Bewegung der Sehobjekte nur simuliert wird, und Scheinbewegungen bzw. Bewegungsnachbilder sind für dynamische Untersuchungen nicht unwichtig.

Langsame Objektbewegungen rufen Augenfolgebewegungen hervor, die der Geschwindigkeit des Sehobjektes synchron verlaufen. Schnellere Geschwindigkeiten, etwa bis 800°/sec, lösen schnelle sakkadische Augenbewegungen aus, in dem Bestreben, dem Sehobjekt zu folgen. Augenfolgebewegungen werden auch als geführte Bewegungen, Leit- bzw. Begleitbewegungen, Fixation in Bewegung, Folgebewegung mit Nullgeschwindigkeit oder als optisch ausgelöster, rhythmisch kontrollierter Reflex bezeichnet.

Die Wahrnehmungsschwelle für Bewegungen liegt in der Netzhautperipherie niedriger als in der Netzhautmitte. Hinsichtlich der Auffälligkeit von Bewegungen verhält es sich umgekehrt. Nach SCHOBER, MUNKER und GRIMM (1967) ist das Sehen bei sehr geringen Geschwindigkeiten wegen der fehlenden Lokaladaptation etwas besser als die Sehschärfe in Ruhe (statische Sehschärfe) und kommt der Nonius-Sehschärfe näher.

Das Bewegungssehen trägt im Tierreich durch Information über Beute und Feinde wesentlich zur existentiellen Absicherung eines jeden visuell veranlagten Lebewesens bei. Wegen seiner vitalen Bedeutung geht in der Phylogenese seine Entwicklung jener des Formerkennungsvermögens voraus. Das Erkennen erfolgt nach Einstellung der Fixation, bei der gegebenenfalls die gesamte Körpermuskulatur einbezogen wird. Dieser Prozeß ist beim Menschen unterschiedlich intensiv ausgeprägt, bei Sportlern soll er besonders prompt erfolgen (MIWA, TERADO, MORITA, YAMADA und ZUZUMURA, 1972).

Zur Erklärung des Prozesses der Augenfolgebewegungen bei der Beobachtung eines bewegten Objektes wird gern die Lehre von der Efferenzkopie mit intrazerebralen Rückmeldungsprozessen und extraretinalen Signalen herangezogen. Demgegenüber nehmen nach MACKAY (1970) und NODA (1975) die Zentren der visuellen Wahrnehmung eine Bewegung nur durch Vergleich des Gesehenen vor und nach der Augenbewegung wahr.

Die neurophysiologischen Erkenntnisse über das Bewegungssehen sind meistens im Tierversuch gewonnen worden und somit nicht ohne weiteres auf den Menschen übertragbar (v. NOORDEN, 1979), denn im Verlauf der Entwicklungsgeschichte der Säugetiere haben sich wesentliche Strukturen der Sehbahn verändert, gekennzeichnet besonders durch eine allmähliche Kortikalisation. Die meisten Neurone im visuellen Kortex reagieren ausschließlich auf bewegte Stimuli. Offensichtlich hat sich eine allgemein anerkannte Antwort auf die Frage, wie beim Menschen die einzelnen Neurone die unterschiedlichen optischen Reize in den verschiedenen Abschnitten der Sehbahn beantworten, noch nicht gefunden (Sayk, 1979).

Eng mit der Wahrnehmung von bewegten Objekten ist der optokinetische Nystagmus verbunden. Seine Morphologie ist eindeutig: Das bewegte Objekt wird reflektorisch fixiert in dem Bestreben, es möglichst konstant in der Foveola der Netzhaut abzubilden. Jede retinale Bildbewegung führt zu einer Abschätzung der erforderlichen Blickbewegung, und so kommt es zu einer Augenfolgebewegung als langsame Phase des optokinetischen Nystagmus, die auch Wahrnehmungsphase genannt wird; sie erfährt ihre Steuerung vermutlich über einen untergeordneten sensomotorischen Regelkreis, der vom Willen unabhängig ist. Das Auge schnellt wieder in die Ausgangsstellung zurück, sobald das Ende der Teststrecke erreicht ist (schnelle Phase des optokinetischen Nystagmus). Da dieser Ablauf insgesamt weitgehend willensunabhängig ist, entsteht hier die Möglichkeit einer objektiven Sehschärfenbestimmung. Die Existenz eines willensunabhängigen Fixationszwanges als automatische visumotorische Regelung ist für Untersuchungen des dynamischen Sehvermögens nicht unwichtig.

Bei jeder Prüfung von Bewegungsabläufen sind die Phänomene der *Scheinbewegungen* zu beachten. Den Scheinbewegungen liegen retinale wie auch zentrale visusensorische Faktoren zugrunde, der Eindruck der Objektbewegungen wird dabei nur subjektiv empfunden. Scheinbewegungen tragen vorwiegend psychologische Kennzeichen (Anstis, 1976). Zweifellos können Scheinbewegungen auch zu straßenverkehrsrelevanten Täuschungen führen. Wichtigste Voraussetzung für Scheinbewegungen sind lange Dauer und stereotyper Ablauf.

Die 1. Gruppe umfaßt kleine Scheinbewegungen, die den Eindruck vermitteln, daß der Fixationspunkt dem Beobachter geringgradig entgegenkommt (*autokinetischer Effekt*). Auch bei Verlagerung des Blickpunktes aus der Nähe in die Ferne und umgekehrt entstehen fallweise derartige Scheinbewegungen. Bei Doppelbildwahrnehmung sind Scheinbewegungen im Verlauf der Fusions- bzw. Defusionsanstrengungen in Form von seitlich aufeinander Zu- und voneinander Fortbewegungen möglich.

Eine 2. Gruppe von Scheinbewegungen bilden die Bewegungsnachbilder (Lehmkuhle und Fox, 1975; Regen und Beverley, 1978; Strelow und Day, 1975). Sie bewegen sich entgegengesetzt der vorher längere Zeit beobachteten realen Bewegungen, z. B. beim längeren Blick aus dem Eisenbahnfenster, bei langem Autofahren nach abruptem Anhalten, die sog. Wasserfall-

und Plattentellertäuschung u. a. m. Diese Art der Scheinbewegungen ähneln dem Sukzessivkontrast der Farben; es handelt sich dabei um die Folgen selektiver postexzitatorischer Hemmungen richtungsempfindlicher Bewegungsdetektoren (OVER, BROERSE, CRASSINI und LOVEGROVE, 1973). Offensichtlich besitzt das Sehsystem — voneinander getrennt — Informationsvorgänge sowohl für die Bewegung als auch für die Lage im Raum (REGAN, BEVERLEY und CYANDER, 1979). An Rotationsgeräten treten Bewegungsnachbilder relativ häufig bei langer Darbietungszeit auf.

Eine 3. Gruppe von Bewegungsnachbildern entstehen u. a. an der rotierenden Spirale von Archimedes in Form des Schrumpfens und Schwellens im Sehfeld. Dieser simultane Bewegungskontrast tritt auch beim sog. Ufer-Phänomen auf, dem scheinbaren Entgegenströmen des Uferstreifens an einem fließenden Bach.

Weitere Scheinbewegungen haben BEHRENS und GRÜSSER (1977) und DRISCHEL (1961) beschrieben. Auch Größenveränderungen, z. B. durch Projektion eines Bildes, können Bewegungen nach hinten oder vorn vortäuschen.

Um Scheinbewegungen in der dritten Dimension handelt es sich bei dem von FERTSCH entdeckten und von PULFRICH (1922) erstmals beschriebenen, daher als *Pulfrich-Effekt* bezeichneten Phänomen. Beobachtet man ein sich frontoparallel bewegendes Objekt, so scheint dieses von der Frontoparallelen abzuweichen, sofern beim Beobachter die Helligkeit eines der beiden Netzhautbilder durch Lichtabsorptionsgläser herabgesetzt ist. Das ist beispielsweise der Fall beim Pendeln eines Lotes über einer Nadel: Setzt man das Lichtabsorptionsglas vor das rechte Auge, dann beschreibt das Pendel scheinbar eine elliptische Bahn in Richtung nach rechts vor der Nadel und in Richtung nach links hinter der Nadel. Ursache hierfür ist die subjektive Reizleitungszeit, d. h. die Zeit zwischen Sinnesreiz und Auftreten der zum Zentrum fortgeleiteten Empfindung. Sie ist für beide Augen wegen der unterschiedlichen Helligkeit verschieden, weil die Reizleitungszeit eine Funktion der Helligkeit darstellt; aus der Phasendifferenz resultiert eine scheinbare Raumparallaxe. Die Ellipsenform entsteht durch unterschiedliche Geschwindigkeiten während einer Schwingung.

3. GERÄTE UND METHODEN ZUR PRÜFUNG DES DYNAMISCHEN RAUMSEHENS

3.1. Die Bestimmung der dynamischen Stereo-Sehschärfe

Zusammenfassung: Zur Bestimmung der dynamischen Stereo-Sehschärfe wurde das binokulare Prismenrotationsgerät konstruiert, das auf der synchronen Rotation zweier Prismen beruht, die das Sehobjekt vor den Augen in scheinbare kreisförmige regulierbare Bewegungen versetzt, maximal mit 180 Umdrehungen pro Minute. Die Stärke der Prismen beträgt 4 pdpt, der Kreisumfang der simulierten Objektbewegung 125,7 cm. Verschiedener Vorteile wegen wurde ein Vierstäbetest verwendet: Einer der Stäbe wird jeweils in Stufen von 15 cm nach vorn gerückt, wie an anderen modernen Sehtests bestehen jeweils 4 Einstellmöglichkeiten. Die Dicke der Stäbe beträgt 3,6 mm (bei einer Prüfungsentfernung von 5 m also ein Sehwinkel von 2,5′), die Stabmittenabstände 14,5 mm (= 10′). Die Leuchtdichte des Hintergrundes ist 620 cd/m² und die des Umfeldes ca. 150 cd/m². Polarisations- und Anaglyphenmethoden sowie Random-dot-Stereogramme erwiesen sich wegen der *Stereoverzögerung* als untauglich.

Die Prüfung beginnt nach Einweisung und Vorübungen mit der größten einstellbaren Tiefendistanz (150 mm) und der höchsten Geschwindigkeit. Die Umdrehungsgeschwindigkeit wird langsam gedrosselt, bis die Tiefendistanz erkannt werden kann. Unter 4 Einstellungen wird arithmetisch gemittelt. Der gefundene Schwellenwert wird in ein Diagramm eingezeichnet, auf dessen Abszisse die reale Tiefendistanz bzw. die Stereo-Sehschärfe, auf der Ordinate die Umdrehungszahl pro Minute bzw. die Wegstrecke in °/sec abzutragen ist. Eine Registrierung der Resultate mittels VECP-Ableitungen ist bislang wegen der Notwendigkeit zu polarisationshaploskopischen Systemen und wegen der viel zu geringen Leuchtdichten des Testmusters nicht ausreichend.

3. Devices and Methods for Testing the Dynamic Stereoscopic Vision

3.1. The Determination of the Dynamic Stereoscopic Visual Acuity

Summary: For the determination of the dynamic stereoscopic visual acuity the binocular prism rotation device was constructed which is based on the synchronous rotation of two prisms. The rotation transposes the vision object before the eyes in virtual circular adjustable movements, maximally with 180 rotations per minute. The strength of the prisms is 4 pdpt, i.e. the circumference of the simulated movement of the object is 125.7 cm. On account of various advantages a quadruple bar test was used: one of the bars is in each case put forward in steps of 15 cm, like in other modern vision tests there are in each case 4 possibilities of adjustment. Thickness of the bars 3.6 mm (at a test distance of 5 m a vision angle of 2.5′). The distances from the middle of the bars are 14.5 mm (= 10′). Light density of the fundus 620 sd/m². Polarisation and anaglyphe methods as well as random-dot-stereograms proved unsuitable on account of the "stereoretardation".

The test begins after admission and preliminary exercises with the greatest adjustable depth distance (150 mm) and the highest velocity. The rotation speed is slowly reduced up to the recognition of the depth distance. It is arithmetically mediated among 4 adjustments. The threshold value found is drawn into a diagram, on the abscissa of which the real depth distance and the stereoscopic visual acuity, on the ordinate the rotation number per minute and the distance of the passage in °/sec, respectively, is to be conveyed. A registration of the results by means of VECP-derivations is up to now not sufficient on account of the necessity for polarisation-haploscopic systems and due to the much too small light densities of the testing pattern.

3.1.1. Das binokulare Prismenrotationsgerät

Es gibt zur Zeit noch keine Methode, mit der die dynamische Stereo-Sehschärfe ermittelt werden kann. Geräte zur Messung der monokularen dynamischen Sehschärfe (s. Kap. 2.1.) sind zur Prüfung speziell der dynamischen Stereo-Sehschärfe untauglich ohne Hinzufügung wesentlicher apparativer Ergänzungselemente, die sich aus Morphologie und Funktion der Binokularität ergeben. Wichtig ist bei allen Geräten zur Bestimmung der Stereoskopie die exakte Exklusion aller empirischen Faktoren des räumlichen Sehens (s. Kap. 2.3. und 2.4.), um die Leistung ausschließlich der Stereoskopie erfassen zu können. Besonders schwierig ist dabei die Vermeidung jeglicher Bewegungsparallaxe, die stereoskopische Messungen unbrauchbar machen würde. Dies ist nur dadurch erreichbar, daß auf die Darbietung real sich bewegender Testobjekte verzichtet, der Eindruck einer Testbewegung also nur simuliert wird. Tests, die auf dem Polarisations- bzw. Anaglyphenprinzip basieren, sind dabei ungeeignet, weil mit ihnen die sog. Stereoverzögerung (s. Kap. 2.2.2.) eine zu große Rolle spielt, die jede Leistung der Stereoskopie erheblich mindert, sobald der Faktor Zeit eine Rolle spielt.

Das Ergebnis aller Überlegungen ist das binokulare Prismen-Rotationsgerät, das in vielfältiger Weise für die besonderen Belange spezieller Untersuchungsmodalitäten modifiziert werden kann. Es erzeugt artifiziell den Eindruck von kreisförmigen Bewegungen. Allerdings kann allein durch Augenbewegungen infolge der besonderen Lage des Augendrehpunktes ein minimales, der Bewegungsparallaxe ähnliches Phänomen entstehen; aber das ist sensorisch unterschwellig und meßtechnisch schwer erfaßbar.

Das binokulare Prismen-Rotationsgerät (Abb. 2) besteht aus einem Motor mit Stabilisator und einem Zahnräderwerk zur Übertragung der Umdrehungen auf 2 Prismenhalter mit je einem Prisma. Der Mittenabstand der beiden Prismen beträgt 6,4 cm, der Prismendurchmesser 4,5 cm. Die für beide Augen synchrone Rotation ist durch eine direkte Übertragung der Drehgeschwindigkeit auf beide Prismenhalterungen verläßlich gewährleistet. Die Geschwindigkeit der Rotation kann durch einen Transformator reguliert werden. Das Maximum der Prismenrotation beträgt 180 Umdrehungen pro Minute (U/min). Die Drehgeschwindigkeit wird an einem geeichten Tachometer abgelesen. Vor und hinter den rotierenden Prismen können beliebig stillstehende Korrektionsgläser aus einem handelsüblichen Brillengläserkasten, aber auch Sichtfolien und Blenden eingeschoben werden. Das Geräusch des Motors ist unerheblich und nicht störend. Dies ist nicht unwesentlich, denn der Einfluß von Lärm kann die Qualität nahezu jeder optosensorischen Wahrnehmung negativ beeinflussen (Gramberg-Danielsen, 1976; Kitte und Dieroff, 1971; Letourneau und Milledot, 1974). Augenseitig befindet sich am Gerät eine Stirn-

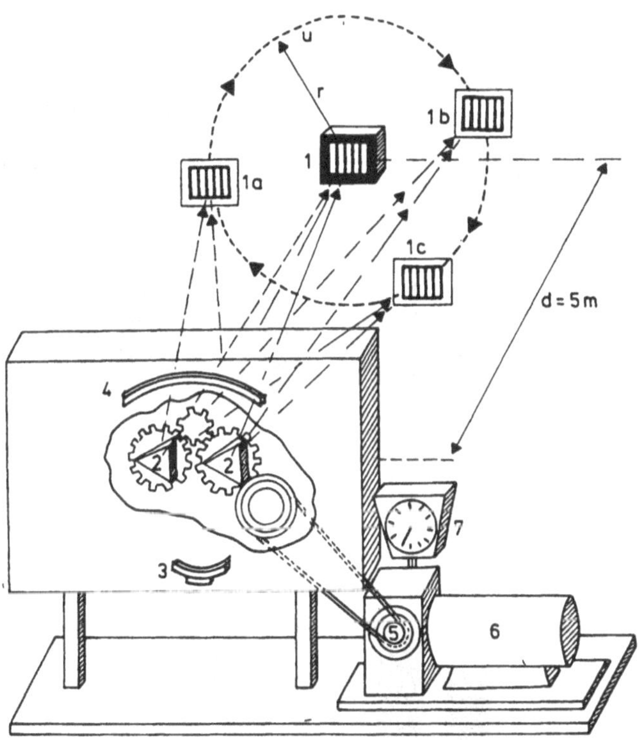

Abb. 2. Schematische Darstellung des Prismenrotationsgerätes (vorn) und des Vierstäbetests (hinten). 1 Stereo-Testgerät mit 4 Stäben; 1a—c Scheinbewegungen des Testgerätes bei Rotation der Prismen; 2 synchron rotierende Prismen, für jedes Auge 4 pdpt; 3 Kinnstütze; 4 Stirnstütze; 5 Drehscheibe mit Transmission; 6 stufenlos regelbarer Motor; 7 Tachometer.

halterung und eine Kinnstütze, damit Kopfbewegungen auszuschalten sind. Das binokulare Blickfeld beträgt 20 Winkelgrade. Ein Prisma lenkt einen Lichtstrahl je Prismendioptrie (pdpt) in 1 m Entfernung 1 cm um die Prismenbasis herum ab (1 pdpt = 0,57°). Bei Rotation des Prismas vor dem Auge scheint der fixierte Gegenstand, z. B. das Testobjekt, zusammen mit seiner unmittelbaren Umgebung kreisförmige Bewegungen auszuführen. Ein rotierendes Prisma zur Bestimmung der Sehschärfe für bewegte Objekte wurde auch von LUDVIGH (1949) und von JAEGER und Mitarb. (1964—1970) verwendet.

In die Prismenhalterung werden Prismen mit 4 pdpt eingeschoben. Sie können für besondere Untersuchungen durch andere Prismenstärken ausgetauscht werden. Bei 4 pdpt besitzt der Kreis, den das Testobjekt bei Rotation der Prismen beschreibt, in 5 m Beobachtungsabstand einen Radius von 20 cm, der Kreisumfang beträgt 125,7 cm.

3.1.2. *Das Testobjekt*

Ein Vierstäbetest ist für die Prüfung der dynamischen Stereo-Sehschärfe vorteilhafter als ein Dreistäbetest (s. Kap. 2.2.2.), weil er weniger Prüfungsgänge erforderlich macht, um zu Resultaten außerhalb des Zufallsbereiches zu kommen. Eine ganze Reihe von Untersuchern der Stereoskopie ist bisher fallweise oder prinzipiell von der Verwendung dreier Stäbe abgewichen.

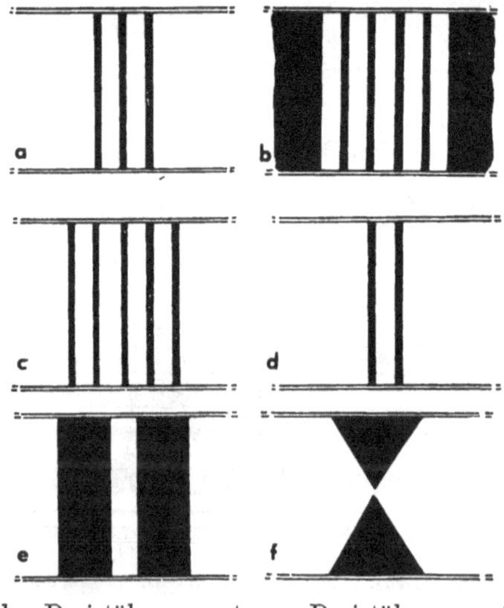

Abb. 3. Variationen des Dreistäbeapparates. a Dreistäbeapparat; b Vierstäbeapparat des binokularen Prismenrotationsgerätes; c Fünfstäbeapparat (der mittlere Stab wird nach vorn bzw. zurück verschoben); d Zweistäbeapparat; e Spaltapparat; f Doppeldreieck nach CORDS.

Der Vierstäbetest (Abb. 3b) besteht aus 4 senkrecht stehenden, geschwärzten Stäben gleicher Dicke, von denen jeweils ein Stab in Stufen von 15 mm nach vorn gerückt wird, also um 15, 30, 45, 60 ... bis 150 mm. Die 4 Stäbe werden rechts und links durch schwarze Blenden flankiert, die sich in einer frontoparallelen Ebene mit den Stäben befinden.

Die Querdisparation bei den einzelnen einstellbaren Stufen zeigt Tab. 2, berechnet nach der bereits von v. HELMHOLTZ angegebenen Formel $p = \frac{a \cdot t}{d^2} \cdot 206000$ (p = binokulare Stellungsparallaxe in Winkelsekunden; a = Pupillarabstand in mm; t = reale Tiefendistanz in mm; d = Untersuchungsentfernung in mm).

Tabelle 2

Querdisparationswinkel (in Winkelsekunden) der einzelnen Stufen des Vierstäbetests vom Prismen-Rotationsgerät in einem Prüfungsabstand von 5 m (berechnet für Pupillardistanzen von 64 und 68 mm)

Stufe	Tiefenabstand in mm	Querdisparation in Winkelsekunden	
		Pupillardistanz 64 mm	Pupillardistanz 68 mm
I	15	7,9″	8,4″
II	30	15,8″	16,8″
III	45	23,7″	25,2″
IV	60	31,6″	33,6″
V	75	39,6″	42,0″
VI	90	47,5″	50,4″
VII	105	55,4″	58,8″
VIII	120	63,3″	67,2″
IX	135	71,2″	75,6″
X	150	79,1″	84,0″

Der Einfluß der Pupillardistanz (a) ist so gering, daß er bei der Berechnung unbedenklich vernachlässigt werden kann (Tab. 2). Außerachtlassen des Pupillarabstandes bei der Messung kleiner Werte von Stereo-Sehschärfen bedingt Abweichungen von maximal $\pm 10\%$. Eine normale Stereo-Sehschärfe beträgt an diesem Gerät 8–40 Winkelsekunden; das bedeutet in einer Entfernung von 5 m einen realen Tiefenabstand von 15–75 mm.

Bei jeder Testaufgabe bzw. in jeder Tiefendistanz bestehen am Vierstäbetest in Parallele zu anderen modernen monokularen und binokularen Sehtests (LANDOLT-Ringe, PFLÜGER-Haken, TITMUS-Tests, Randot-Tests, TNO-Tests,

Pola-Tests, Kinderoptotypen u. a.) jeweils vier Einstellmöglichkeiten: Derjenige der 4 Stäbe, der aus der Frontoparallelen herausgerückt ist, soll erkannt werden. Die Stäbe können nur nach vorn geschoben werden. Diese Einschränkung ist anderen modernen Stereotests adäquat. Auch bei den Polarisations- und Anaglyphentests gibt es nur Darbietungen der Tests in gekreuzter Querdisparation, d. h. die Einstellung von jeweils einer der vier Testfiguren nach vorn. Bei der Prüfung der dynamischen Stereo-Sehschärfe kommt hinzu, daß im täglichen und beruflichen Leben für das visuelle Erkennen ohnehin nur Bewegungen nach vorn relevant sind. Beim klassischen Dreistäbeapparat werden Einstellungen nach vorn und nach hinten vorgenommen. Die Abstände der Stabmitten betragen 14,5 mm (= 10′ Sehwinkel). Sie können bis 87,0 mm (= 60′) verbreitert werden. Die Dicke der Stäbe beträgt 3,6 mm (= 2,5′ Sehwinkel) (s. Kap. 5.2.2.). Die schwarzen Stäbe befinden sich vor einer weißen Wand mit einer Leuchtdichte von ca. 620 cd/m², die Leuchtdichte des Umfeldes im Prüfraum betrug ca. 150 cd/m². Damit sind hinsichtlich der beleuchtungstechnischen Verhältnisse die relativ strengen internationalen Forderungen für die Visusprüfung erfüllt: Die Leuchtdichte des Prüffeldes soll nach diesen Forderungen (AULHORN, 1976; SCHOBER, 1976) in unmittelbarer Umgebung des Testzeichens (am Vierstäbetest entspricht das dem Hintergrund der Stäbe) zwischen 150 cd/m² und 670 cd/m² liegen, die Leuchtdichte des Testzeichens (das entspricht am Vierstäbetest den Stäben und Blenden) soll maximal 10% der Leuchtdichte im Prüffeld ausmachen, was bei dem beschriebenen Vierstäbetest ohnehin dadurch gegeben ist, daß die Stäbe tiefschwarz, nicht durchleuchtbar und nicht glänzend sind. Im Sehwinkelbereich von 10° bis 25° soll die Leuchtdichte auf 25% der Prüffeldleuchtdichte reduziert sein, aber nirgends unter 10% absinken; es darf kein Blendeffekt auftreten.

Bei Polarisations- und Anaglyphentests, die bei statischen Prüfungen wegen ihrer bequemen Handhabung häufig benutzt werden und deren Anwendung bei der Prüfung der dynamischen Stereoskopie nahe liegt, sind die Leuchtdichte- und Kontrastverhältnisse fast immer unbefriedigend. Außerdem beruhen Polarisations- und Anaglyphenmethoden auf einer relativ unnatürlichen Versuchsanordnung: Bei ihrer Verwendung wird lediglich die sensorische Fähigkeit zur Umsetzung querdisparater Netzhauteindrücke in dreidimensionale Empfindungen geprüft, nicht aber die Gesamtheit der für plastisches Sehen bedeutsamen Gegebenheiten einbezogen (MEHLHOSE, 1975). Random-dot-Stereogramme sind auch für Prüfungen der dynamischen Stereo-Sehschärfe mit Hilfe von 2 Projektoren und einer rechtwinklig gekreuzten Polarisation möglich. Da Random-dot-Stereogramme nicht konturierte Testbilder zeigen, ist die Stereoverzögerung (s. Kap. 2.2.3.) bei bewegten Sehtests aber enorm verlängert, und auch die Fusion macht bei bewegten Objekten verstärkt Schwierigkeiten; beide beeinflussen die Prüfungsresultate nachhaltig im negativen Sinne.

Das binokulare Prismen-Rotationsgerät und der Vierstäbetest eignen sich auch zu Routineuntersuchungen. Sie haben darüber hinaus den bemerkenswerten physiologisch-optischen Vorzug, daß das Testfeld ständig in gleicher Ausdehnung und mit gleichem Inhalt im Blickfeld verbleibt. Damit entfallen Probleme der bewegungsbedingten Helligkeitsänderungen und der Adaptation. Auch der Test verbleibt ständig im Blickfeld und taucht nicht, wie beispielsweise bei der Prüfung horizontaler Bewegungen mittels Spiegelsystemen, immer von neuem im peripheren Blickfeld auf.

3.1.3. Prüfungsmethode

Die Untersuchung jeder Testperson beginnt mit einer ausführlichen Einweisung in die Prüfungsaufgabe. Daran schließen sich Vorübungen mit etwa 10 Einstellungen an; diese Anzahl reicht nach LUDVIGH und MILLER (1958) aus, um 90% des individuell möglichen Übungseffektes der dynamischen Sehschärfe zu eliminieren (s. Kap. 2.1.). Um eine Ermüdung zu vermeiden, werden bei den sich daran anschließenden Prüfungen nach etwa 20 Einstellungen kurze Pausen eingelegt. Sobald Ermüdungssymptome auftreten, erkennbar an entsprechenden Klagen der Testperson oder am Abfall der Prüfungsleistungen, erfolgt eine längere Pause. Jeder Prüfung sollte eine Untersuchung der Sehleistung der Augen vorausgehen. In längeren Zeitabständen erfolgt eine Kontrolle der Prüfungsparameter, um konstante Prüfungsverhältnisse zu sichern; nach BISHOP (1975) ist die Stereo-Sehschärfe z. B. von Veränderungen in Kontrast und Raumbeleuchtung weit abhängiger als die Sehschärfe.

Bei der Prüfung wird jeweils einer der vier Stäbe nach vorn gezogen, angefangen mit der größten einstellbaren Tiefendistanz von 150 mm = 79,1″. Begonnen wird mit hoher Umdrehungsgeschwindigkeit, die langsam so gedrosselt wird, bis die Position der Stäbe erkannt werden kann. Unter 4 Einstellungen wird arithmetisch gemittelt. Sofern die Streuung der Einzelergebnisse unverhältnismäßig groß ist, werden 6—8 Einstellungen vorgenommen. Die Durchschnittswerte der Einstellungen werden am vorteilhaftesten in ein Diagramm eingezeichnet, auf dessen Abszisse jeweils die Stereo-Sehschärfe in Winkelsekunden (Querdisparation) bzw. die reale Tiefendistanz in mm, auf der Ordinate die Umdrehungszahl pro Minute (U/min) bzw. die Wegstrecke in Grad pro Sekunde (°/sec) abgetragen ist.

Um die Untersuchungsergebnisse untereinander und mit denen, die von früheren Untersuchern für die dynamische Sehschärfe gefunden worden sind, vergleichen zu können, sollte die Umdrehungszahl stets in Grad pro Sekunde (°/sec) umgerechnet werden (MILLER und LUDVIGH, 1958). Dazu ist zunächst die Länge der Kreisbahn, die der Test bei einer bestimmten Prismenstärke und in einer bestimmten Beobachtungsentfernung beschreibt, zu errechnen.

Daraufhin wird die Strecke von 1° des Bogens, den ein Testobjekt im Beobachtungsabstand von 5 m zurücklegt, bestimmt und die Umlaufstrecke durch diesen Betrag dividiert. Das Ergebnis zeigt an, wieviel Winkelgrade eine scheinbare Umlaufbahn der Tests bei einmaliger Rotation eines Prismas, bezogen auf die Beobachtungsentfernung, ausmacht. Wird dieser Betrag durch die benötigten Sekunden für eine Umlaufbahn geteilt, dann ergibt sich daraus die zurückgelegte Wegstrecke in Grad pro Sekunde.

Obgleich die Darbietungszeit für Stereoeindrücke, bei der optimale sensorische Leistungen zu erwarten sind, nur Bruchteile von Sekunden beträgt (Monjé, 1969) und das Auge einen bewegten Gegenstand in einer Sekunde immerhin 4—5mal fixiert (Söllner, 1961), nimmt sowohl jede Neueinstellung als auch jede Einzelprüfung am binokularen Prismen-Rotationsgerät viel Zeit in Anspruch, weil die Drosselung der Anfangsgeschwindigkeiten bis zum Erkennen der Tiefendistanz langsam zu erfolgen hat (in ca. 10 sec für jede Einstellstufe). Normalerweise bleibt bei der Prüfung der statischen Stereo-Sehschärfe die Zeit unberücksichtigt, wenngleich bekannt ist, daß langes Hinstarren eher zu einer Verschlechterung als zu einer Verbesserung der Prüfwerte führt. Entsprechend groß ist die Gefahr der Ermüdung, des Interesseabfalls und -schwundes.

Der hohe Zeitbedarf bei der Prüfung dynamischer Funktionen war vermutlich ein Grund dafür, daß sich bei den Arbeiten über die dynamische Sehschärfe eine ganze Reihe von Untersuchern nur mit 3—10 Testpersonen begnügt haben. Die Prüfung speziell der dynamischen Stereo-Sehschärfe beansprucht etwa 10mal so viel Zeit wie die Prüfung der dynamischen Sehschärfe, weil bei einer dynamischen Sehschärfenprüfung in einem Zuge gleich 4—6 Optotypen dargeboten werden, bei der Prüfung der dynamischen Stereo-Sehschärfe jedoch immer nur eine Testposition eingestellt werden kann, wobei die Einstellung dazu noch wesentlich mehr Zeit beansprucht als der Wechsel einer nur zu projizierenden Optotypenreihe.

Eine zu lange Darbietungszeit wirkt sich nicht weniger ungünstig als eine zu kurze aus. Beim langen Fixieren kommt es zu einer räumlichen Verflachung, dem sogenannten Liliputanereffekt (Ebbecke, 1948). Auch v. Helmholtz und Hering haben diese Verflachung bei der Prüfung der statischen Stereoskopie als Folge einer Lokaladaptation beobachtet. Sie führt beispielsweise zu einem Verschätzen der Entfernungen und Geschwindigkeiten nach langem Autofahren.

Es wäre ein großer Vorteil, wenn alle Resultate der dynamischen Stereo-Sehschärfe durch VECP-Ableitungen objektiviert werden könnten. Aber Bemühungen in dieser Richtung sind zur Zeit noch aussichtslos. Zwar gibt es bereits Versuche, mittels VECP nicht nur die Existenz der Stereoskopie, sondern auch die Stereo-Sehschärfe zu bestimmen (Vomberg und Skrandies,

1985), aber bei diesen Untersuchungen wurden Random-dot-Schachbrettmuster verwendet, und hier liegen im Zusammenhang mit dem VECP die erreichbaren Bestwerte hinsichtlich der Stereoskopie um ein mehrfaches höher als bei natürlichen Tests und subjektiven Angaben, z. B. am Dreistäbeapparat. Eine ganze Reihe von normalsichtigen Probanden haben an Punktmustern überhaupt keine Stereoskopie. Die polarisationshaploskopischen Spiegelsysteme mit 2 Monitoren zeigen darüber hinaus ein relativ grobes Punktmuster, und die verwendeten Leuchtdichten sind mit etwa 3 cd/m² (vgl. Kap. 4.1.) für praxisrelevante Untersuchungen nicht ausreichend, weil diese Leuchtdichten am Rande des Dämmerungssehens liegen; für Beurteilungen hinsichtlich des Verkehrs und der Arbeitsbedingungen kann es auf diese Weise noch keine verwertbaren Resultate geben.

3.2. Die Bestimmung der bewegungsparallaktischen Raumsehschärfe

Zusammenfassung: Zur Bestimmung der dynamischen (dyn.) Parallaktoskopie (Par.) wurde das Parallaktoskopometer konstruiert, das sowohl für aktive als auch für passive Bewegungsabläufe geeignet ist. Es besteht aus einem Wagen mit auswechselbarem Dreistäbetest, der sich in einer Breite von 0,8 m hin und her bewegt. Die zwischen 0,12 m/s und 1 m/s stufenlos variierbare Geschwindigkeit wird von 4 Meßfühlern und einer elektromechanischen Stoppuhr kontrolliert. Die Leuchtdichten, Stabdicken und Stabmittenabstände gleichen jenen der Prüfung der dyn. Stereo-Sehschärfe. Die Prüfungsentfernung beträgt 4,5 m. Bei der Bestimmung der aktiven dyn. Par. können Kopf- und Körperbewegungen bis zu 40 cm Breite ausgeführt werden (bis zu fünfmal); bei der Bestimmung der passiven dyn. Par. wird der Kopf durch Kinnstütze und Stirnhalterung fixiert. Der Mittelstab wird in Stufen von 15 mm bzw. 5 mm nach vorn bzw. hinten verstellt, maximal um 120 mm. Für die Umrechnung der realen Tiefendifferenz in die bewegungsparallaktische Raumsehschärfe wird eine Formel angegeben. Da mittlere Geschwindigkeiten einen nur geringen Einfluß auf die dyn. Par. nehmen, werden als Objektgeschwindigkeit bei der Prüfung der passiven Bewegungsparallaktoskopie 0,5 m/s, entsprechend 6,3°/sec bei einer Beobachtungsstrecke von 40 cm, entsprechend einer Beobachtungsdauer von 0,8 s benutzt. Derjenige Schwellenwert wird registriert, bei dem die eingestellte Tiefendistanz fünfmal richtig erkannt wird.

3.2. The Determination of the Dynamic Parallactic Stereoscopic Visual Acuity

Summary: For the determination of the dynamic parallactoscopy the parallactoscopometer is constructed which is suitable both for active and for passive movements. It consists of a vehicle with fitted up triple bar test device, which moves to and fro in a breadth of 1 m with velocities from 0.12 m/s to 1 m/s, which are controlled by 4 measuring feelers and an electromechanical stop-watch. The light densities, thicknesses of the bar and distances from the middle of the bar are equal to those of the test of the dynamic stereoscopic visual acuity. The test distance was 4.5 m. In the determination of the active dynamic parallactoscopy movements of head and body may be performed to a breadth of 40 cm (up to five times); when the passive dynamic parallactoscopy is performed the head is fixed by chin rest and forehead holder. The middle bar is changed forward or backward in steps of 15 mm (5 mm), maximally by 120 mm. The threshold value of the dynamic parallactoscopy is registered in °/sec. The individual performance of the dynamic parallactoscopy was equally good in the active and passive movement. For the conversion of the real depth differences into the dynamic parallactic visual acuity a formula is given. Visible observation distance 40 cm; velocity constantly 6.3°/sec, since mean velocities have only a slight influence on the dynamic parallactoscopy. Such a velocity is registered, in which the adjusted depth distance is five times recognized as correct.

3.2.1. Das Parallaktoskopometer

Alle bislang im Schrifttum angegebenen Apparate zur Schwellenbestimmung der Bewegungsparallaktoskopie stammen aus der Zeit vor 1940 und weisen aus heutiger Sicht bemerkenswerte Nachteile auf, von ihrer geringen Zahl und den wenigen Probanden, die getestet wurden, ganz abgesehen. CORDS (1913) und v. TSCHERMAK (1938) beschäftigten sich aus gutachterlichen Gründen mit der Bewegungsparallaktoskopie, aber ausschließlich bei Kopfbewegungen (aktive Bewegungsparallaktoskopie). Untersuchungen über die passive Bewegungsparallaktoskopie, d. h. auf Grund von Eigenbewegungen des Sehobjektes, sind offensichtlich noch nie durchgeführt worden, obgleich dies arbeitsmedizinisch von nicht geringem Interesse ist.

Für die Untersuchungen der dynamischen Parallaktoskopie war somit die Konstruktion eines neuen Gerätes zur Messung der monokularen Raumsehschärfe bei bewegten Objekten auf der Basis der Bewegungsparallaxe notwendig, das im folgenden Parallaktoskopometer genannt wird, wenngleich aus dieser Bezeichnung die doppelte Zielsetzung, d. h. die Beurteilungsmöglichkeit sowohl der aktiven als auch der passiven Bewegungsparallaktoskopie, nicht ersichtlich ist. Das Testobjekt kann in verschiedenen Geschwindigkeiten bewegt werden. Für experimentelle Untersuchungen ist der Einsatz verschiedenartiger Testfiguren leicht möglich.

Bei der Entwicklung des neuen Prüfgerätes standen entsprechend dem Verwendungszweck praktische Belange im Vordergrund. Vorn erhält das Gerät eine in ihrer Breite variierbare Blende, hinter der sich ein Wagen mit dem Testobjekt in einer Breite von 0,8 m hin und her bewegt (Abb. 4). Der Prüfwagen wird gezogen durch einen Mitnehmer auf einer endlosen Zahnradkette, die über Riemen mit einem Motor verbunden ist. Die Drehgeschwindigkeit

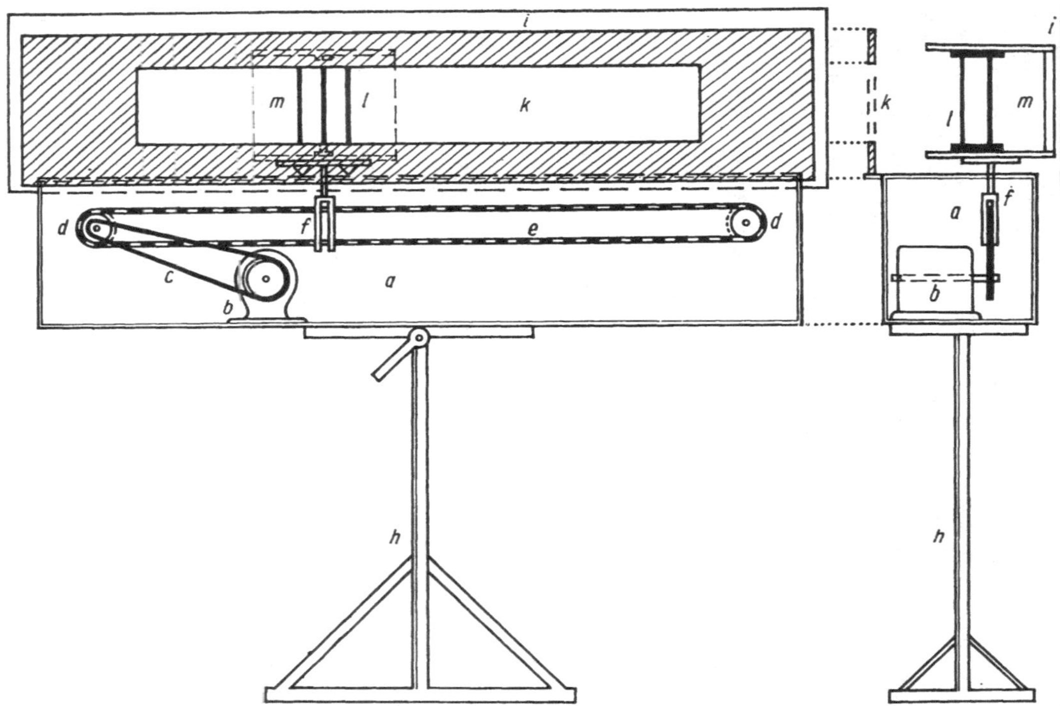

Abb. 4. Parallaktoskopometer zur Messung der Qualität des bewegungsparallaktischen Sehens. Li.: Frontalansicht. Re.: Seitenansicht. a Gehäuse (Vorderwand entfernt) mit Motor und Kettenantrieb für den fahrbaren Testwagen; b Motor; c Transmissionsriemen; d Zahnräder; e Zahnradkette; f Mitnehmer für den Testwagen mit Stift, der sich in einem Schlitz des oberen Gehäuses hin und her bewegt; g Welle zur Schrägstellung des Apparates; h Gestell für den Apparat; i weiße Rückwand; k Fenster durch die Vorderbühne (schraffiert), die die obere und untere Befestigung der Testfigur sowie den Testwagen verdeckt; l Dreistäbetest; m hin- und herfahrbarer Wagen mit Testfigur.

des Motors ist durch Veränderung der Spannung stufenlos regelbar. Durch 4 Meßfühler, die bei Kontakt mit dem Prüfwagen einen Stromimpuls geben, ist die jeweilige Laufzeit des Wagens exakt zu bestimmen und die Konstanz der gewünschten Geschwindigkeit zu kontrollieren. Mehrere Relais gewährleisten die Endlagenabschaltung und die automatische Umschaltung auf andere Geschwindigkeiten bzw. Motorleistungen, letzteres ist insbesondere erforderlich bei nicht horizontalen Bewegungsabläufen. Kernstück des Funktionsteiles ist ein Motor, dem zwei wahlweise einsetzbare, stufenlos regelbare Transformatoren vorgeschaltet sind. Im Horizontalbetrieb kann die Wagengeschwindigkeit zwischen 0,12 m/s und 1 m/s stufenlos eingestellt werden. Zur Ermittlung der tatsächlichen Objektgeschwindigkeit dient ein Steuerungsapparat mit elektromechanischer Stoppuhr. Mit ihm sind Zeitmessungen im Bereich von 100 Millisekunden bis 24 Stunden mit einer Meßgenauigkeit von ± 10 Millisekunden möglich. Er erlaubt außerdem über Relais eine automatische Umschaltung und gegebenenfalls die Ausschaltung bei Erreichen typischer Situationen an den 4 Meßfühlern nach vorgegebenen variierbaren Programmen.

Die Verkleidung des Antriebskörpers ist aus Leichtmetall gefertigt. Die Abmessungen des Funktionsteils, das durch einen Stahlrohrständer in Augenhöhe gebracht wird, betragen in der Länge 125 cm, in der Breite 26 cm und in der Höhe 22 cm, zuzüglich 28 cm für die Höhe der Blende vor dem hin- und herfahrenden Wagen. Der Ständer gewährleistet auch im Betriebszustand bei hohen Geschwindigkeiten einen festen Stand und ermöglicht die Drehung des Funktionsteiles um 90° nach beiden Seiten und damit die Prüfung nicht nur horizontaler, sondern auch schräger und vertikaler Bewegungsabläufe. Der Wagen für die Tests mit einer Grundfläche von 12 cm Länge und 10 cm Breite gleitet auf 2 Führungsschienen hin und her. Auf ihm ist mittels Flügelschrauben ein Gestell für leicht auswechselbare Testobjekte zu befestigen.

Durch eine Blende kann der Versuchsperson nur der für die Prüfung vorgesehene Bewegungsabschnitt dargeboten werden. Sie ist von 10—80 cm lichte Weite bei einer lichten Höhe von 12 cm zu variieren. Durch sie bleiben die Endstellungen des Wagens sowie während der Darbietung der gesamte Wagen mit Ausnahme des Testobjektes für den Beobachter unsichtbar.

Das in der Höhe verstellbare Gerät steht vor einer hellweißen Wand, die durch mehrere Lampen gleichmäßig erhellt wird. Die Lampen sind zur Vermeidung von Blendungen dem Beobachter nicht sichtbar. Die Leuchtdichte des Hintergrundes kann stufenlos variiert werden; in der Regel beträgt sie bis 620 cd/m², das entspricht etwa der unteren Grenze der Leuchtdichtewerte, die international für Sehproben gefordert wird. Die Leuchtdichte im Prüfraum betrug in einem Sehwinkelbereich von 25° ca. 150 cd/m²; auch das entspricht den internationalen Bestimmungen für Sehschärfeprüfungen.

Der sitzende Proband blickt aus einer Entfernung von 4,5 m auf das Parallaktoskopometer, das sich etwa in Augenhöhe (ca. 110 bis 130 cm) befindet. Die Prüfung ist prinzipiell aber in jeder beliebigen Entfernung möglich. Hinter der Blende bewegt sich das auf dem nicht sichtbaren Prüfwagen montierte Prüfobjekt schattenfrei vor dem hellen Hintergrund hin und her.

Während der Prüfung wird ein Auge des Probanden abgedeckt, um ein nur monokulares Sehen auch bei intaktem Binokularsehen zu sichern. Bei der Bestimmung der passiven Parallaktoskopie muß zusätzlich der Kopf des Probanden durch Kinnstütze und Stirnhalterung fixiert werden. Unter diesen Untersuchungsbedingungen sind mit Ausnahme der zu untersuchenden Bewegungsparallaktoskopie die sekundären, empirischen Möglichkeiten der Raumbeurteilung (s. Kap. 2.4.) nahezu unwirksam. Auch Konvergenz und Akkommodation spielen wegen der geringen Tiefendifferenzen keine Rolle.

Es wurden nur solche Personen zur Untersuchung ausgewählt, die auf dem zu untersuchenden Auge eine Sehschärfe von mindestens 0,4 und eine maximale Brillenkorrektur von $\pm 2{,}0$ Dioptrien (Astigmatismus bis 1,0 dpt eingeschlossen) aufwiesen. Da die Prüfungen nur monokular erfolgten, wurde auf die Erhebung eines Binokularstatus verzichtet.

3.2.2. *Das Testobjekt*

Als Testobjekt wurde der Dreistäbetest (s. Kap. 2.2.2.) verwendet. Er war ursprünglich zur Messung der binokularen Tiefensehschärfe bestimmt und ist dies bis heute geblieben; aber auch als Testfigur für das Parallaktoskopometer ist er tauglich und hat dabei zusätzlich den Vorzug, daß eine Vergleichbarkeit mit den zahlreichen Ergebnissen älterer Untersuchungsreihen über die Tiefensehschärfe (= Stereo-Sehschärfe) leicht möglich ist.

Die im Test verwendeten Stäbe sind 3,6 mm dick und in einer Länge von 12 cm sichtbar (Abb. 3). Ihr Mittenabstand beträgt 15 bzw. 5 mm, wird also in einer Prüfungsentfernung von 4,5 m mit einem Sehwinkel von 11′ 28″ betrachtet. Der Mittelstab kann in Stufen von 15 mm nach vorn und hinten verstellt werden, maximal in jeder Richtung bis 120 mm (= 480″ bewegungsparallaktische Raumsehschärfe). Der Tiefenabstand der Stäbe voneinander, gemessen in mm, besagt allerdings wenig, da dabei die Prüfungsentfernung unberücksichtigt bleibt. Vorteilhafter ist es daher, den Tiefenabstand der Stäbe in Prozent der Prüfungsentfernung (relative Tiefendifferenz) anzugeben (Tab. 3a).

Bei jedem Beobachtungswinkel ist entfernungsunabhängig vom bewegungsparallaktoskopischen Schwellenwert (in Winkelsekunden [″]) die relative Tiefendifferenz errechenbar. Die Berechnungen können nach einer Formel erfolgen, die v. HELMHOLTZ zur Ermittlung der binokularen Tiefensehschärfe (s. Kap. 2.2.3.) angegeben hat.

Tabelle 3a

Umrechnung der in mm gemessenen Schwellenwerte (reale Tiefendistanzen) am Dreistäbeapparat des Parallaktoskopometers in Prozent der Prüfungsentfernung und in Winkelsekunden, für eine Beobachtungsstrecke von 40 cm und eine Prüfungsentfernung von 4,5 m

Real gemessene Tiefendistanzen in mm	Tiefendistanzen, umgerechnet in Prozent der Prüfungsentfernung (4,5 m)	Tiefendistanzen, umgerechnet in Winkelsekunden ["]
120	2,66%	480
105	2,33%	420
90	2,00%	360
75	1,66%	300
60	1,33%	240
45	1,00%	180
30	0,66%	120
15	0,33%	60

Tabelle 3b

Die Raumsehschärfe ["] auf der Basis der Bewegungsparallaktoskopie in Abhängigkeit vom Beobachtungswinkel α und der relativen Tiefendifferenz $\frac{d}{a}$ mit Angabe der Beobachtungsstrecke und der entsprechenden Tiefendifferenz für die gewählte Untersuchungsentfernung $a = 4,5$ m

Relative Tiefendifferenz $\frac{d}{a}$	Tiefendifferenzen d bei $a = 4,5$ m	Beobachtungswinkel bzw. entsprechende Beobachtungsstrecke für $a = 4,5$ m			
		1° 8 cm	2° 16 cm	5° 40 cm	10° 80 cm
0,33%	15 mm	12"	24"	60"	120"
0,66%	30 mm	24"	48"	120"	240"
1%	45 mm	36"	72"	180"	360"
2%	90 mm	72"	144"	360"	720"

Am Parallaktoskopometer gilt zur Berechnung der Raumsehschärfe für Beobachtungswinkel unter 10° folgende vereinfachte Formel:

$$S \approx 36 \cdot \alpha \cdot \frac{d}{a}$$

(S ["] Raumsehschärfe; d [cm] Tiefendifferenz; a [m] durchschnittlicher Beobachtungsabstand; α Beobachtungswinkel). Damit ergeben sich für eine Prüfungsentfernung von 4,5 m die Werte der Tabelle 3b.

Für die Angabe der individuellen Leistungen des bewegungsparallaktischen Sehens ist es belanglos, ob sich der Betrachter bewegt (aktive Bewegungsparallaktoskopie) oder ob eine Relativbewegung zwischen Beobachter und den tiefenunterschiedlichen Sehobjekten (passive Bewegungsparallaktoskopie) stattfindet (Abb. 5).

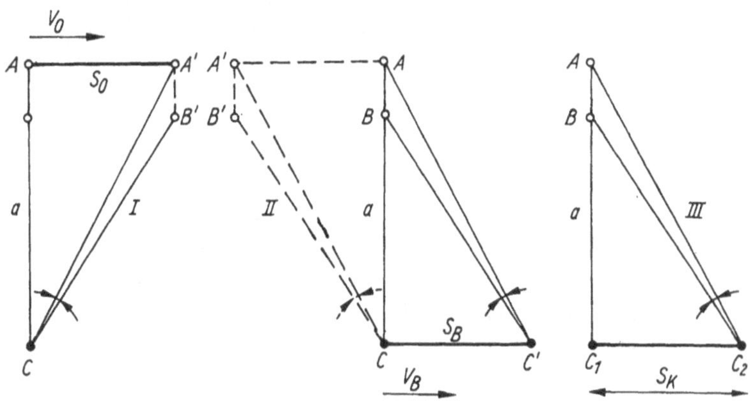

Abb. 5. Geometrische Verhältnisse bei der dynamischen Parallaktoskopie. a Beobachtungsabstand; A und B 2 tiefendistante Objekte, C Auge des Beobachters. I. Passive Parallaktoskopie (Bewegung zweier tiefendistanter Objekte A und B nach A' und B'); V_0 Objektgeschwindigkeit; ACA' Beobachtungswinkel bzw. notwendige Folgebewegung des Auges; A'CB' Winkel der parallaktischen Verschiebung; S_0 Beobachtungsstrecke der Objekte A und B. II. Passive Bewegung des Beobachterauges. S_B zurückgelegte Strecke des Beobachterauges im Beobachtungszeitraum; V_B Geschwindigkeit des Beobachters; S Strecke der scheinbaren Objektbewegung; AC'B Winkel der parallaktischen Verschiebung. III. Aktive Bewegungsparallaktoskopie bei Kopf- oder Körperbewegung. S_K Umfang der Kopf- und Körperbewegungen (Basis der parallaktischen Verschiebung); C_1AC_2 Beobachtungswinkel; AC_2B Winkel der parallaktischen Verschiebung.

3.2.3. Die Prüfungsmethode

Nach Prüfung der Sehschärfe erfolgt die Bestimmung der Qualität der aktiven Bewegungsparallaktoskopie. Dazu wird der Dreistäbetest auf dem zunächst unbewegten Wagen des Parallaktoskopometers in 4,5 m Prüfungsentfernung dargeboten. Der Proband erhält die Möglichkeit, Kopf- und Körperbewegungen in beliebigem Ausmaß und mit beliebiger Geschwindigkeit in sitzender Stellung bis zu 5mal durchzuführen, mit einer maximalen Breite (Bewegungsparallaxe) von 40 cm. Sofern mehr als 5 Eigenbewegungen erfolgen, wird die eingestellte Prüfungsaufgabe als nicht gelöst registriert; erfahrungsgemäß führen mehr als 5 Bewegungen zu keiner nennenswerten Besserung der Ergebnisse.

Bei der sich anschließenden Prüfung der passiven Bewegungsparallaktoskopie ist der Kopf des Probanden mit Kinnstütze und Stirnhalterung fixiert. Dabei bewegt sich der Wagen mit dem Testobjekt in einer festgelegten Geschwindigkeit von 0,5 m/s (s. Kap. 5.3.5.) frontoparallel vor dem Patienten je einmal in einer Richtung innerhalb einer sichtbaren Beobachtungsstrecke von 40 cm. Das Testobjekt kann somit 0,8 s lang vom Probanden beobachtet werden und besitzt eine Winkelgeschwindigkeit von 6,3°/sec. Eine Variation auch der Geschwindigkeit ist entbehrlich, weil die dynamische Parallaktoskopie bei den am Parallaktoskopometer einstellbaren Geschwindigkeiten (0,12 m/s bis 1 m/s) keine wesentlichen Unterschiede zeigt.

Begonnen wird mit der größten am Gerät einstellbaren Tiefendistanz von 120 mm als Vor- oder Zurückeinstellung. Die weiteren Einstellungen erfolgen nach vorn und hinten unsystematisch. Bei 5 hintereinander richtigen Antworten wird auf die nächst kleinere Tiefendistanzstufe übergegangen, zunächst in Stufen von 30 mm, bei Tiefendistanzen ab 60 mm in Stufen von 15 mm und unter 30 mm in Stufen von 5 mm.

Die Einführung in die Prüfungsaufgabe erfolgt mit 5—10 Probeeinstellungen, um einem später eintretenden Übungseffekt zu begegnen. Die Prüfdauer beträgt im Durchschnitt 40 Minuten pro Versuchsperson. Um eine Ermüdung bzw. Desinteressiertheit zu vermeiden, werden je nach individuellen Erfordernissen 3—4 kurze Pausen eingeschoben. Die Prüfung der Bewegungsparallaktoskopie benötigt ein Mehrfaches an Zeit im Vergleich zur Prüfung der dynamischen Stereo-Sehschärfe, weil für jede Leistungsstufe mindestens 5 neue apparative Einstellungen notwendig sind.

Der Proband muß sich jeweils zwischen 2 Alternativen, Stellung des Mittelstabes *vor* oder *hinter* den Seitenstäben, entscheiden. Die gleiche Einstellung hinsichtlich der Tiefendistanz wird in unregelmäßiger Reihenfolge von „vor“ und „zurück“ mindestens 5mal dargeboten. Bei stets richtigen Antworten kann auf die Erkennbarkeit des gerade eingestellten Raumunterschiedes mit einer Irrtumswahrscheinlichkeit von 5% geschlossen werden. Werden 7 Einstellungen vorgenommen, dann darf dem Probanden 1 Fehler unterlaufen, wenn die eingestellte Stufe als noch erkannt registriert werden soll.

4. NORMALWERTE DES DYNAMISCHEN RAUMSEHENS

4.1. Die dynamische Stereo-Sehschärfe

Zusammenfassung: Bei 103 normalsichtigen Versuchspersonen fiel die dynamische (dyn.) Stereo-Sehschärfe (St.) mit zunehmender Geschwindigkeit besonders wegen Unvollkommenheiten der binokularen Fixation zunächst relativ schnell, ab 12°/sec langsamer ab. Die individuelle Variation ist bemerkenswert breit, so daß von einem einzigen, bei einer bestimmten Geschwindigkeit gemessenen Wert nichts über die Qualität der dyn. St. ausgesagt werden kann. Bei größeren Geschwindigkeiten und höheren Querdisparationen verläuft die Schwellenkurve weniger steil und nähert sich einer Horizontalen, weil empirische Faktoren der Raumwahrnehmung zusätzlichen Einfluß nehmen, besonders in Form des Größenvergleichs zwischen dem vorgezogenen und den dahinter stehenden Stäben. Der Kurvenverlauf entspricht der Gleichung

$$y = a + b_1x + b_2x^2 + b_3x^3.$$

Im Alter nimmt die dyn. St. wegen verminderter Reaktionsfähigkeit und des Verlustes einer exakten binokularen Fixation bei Augenfolgebewegungen ähnlich wie die dynamische Sehschärfe signifikant ab. Ein Geschlechtsunterschied bzw. ein Einfluß der beruflichen Tätigkeit besteht nicht. Die Schwellenkurve der dyn. St. nimmt im Vergleich zu jener der dyn. Sehschärfe einen andersartigen Verlauf.

4. Normal Values of Dynamic Stereoscopic Vision

4.1. The Dynamic Stereoscopic Visual Acuity

Summary: In 103 test persons with normal sight the dynamic stereoscopic visual acuity at first relatively quickly decreased with increasing velocity, particularly on account of the imperfection of the binocular fixation, from 12°/sec more slowly. The individual variation is remarkably broad, so that by a single value measured at a certain velocity nothing can be stated on the quality of the dynamic stereoscopic visual acuity. When there are greater velocities and higher transverse disparations the curve of the threshold passes less steeply and approaches a horizontal, since empiric factors of the stereoscopic perception have an additionally influence, particularly in form of the comparison of the size between the bars drawn forth and those ones standing behind. The course of the curve coresrponds to the equation

$$y = a + b_1x + b_2x^2 + b_3x^3.$$

In old age the dynamic stereoscopic vision significantly decreases on account of reduced responsiveness and loss of a exact binocular fixation in secondary movements of the eyes similarly to the dynamic visual acuity. There is no sex difference and influence of the professional activity, respectively. The curve of the threshold of the dynamic stereoscopic visual acuity has another course in comparison to that one of the dynamic visual acuity.

4.1.1. Mittelwerte und Standardabweichung

Zur Abklärung des Verhältnisses zwischen dynamischer Stereo-Sehschärfe und Bewegungsgeschwindigkeit wurden 103 normalsichtige Testpersonen am Prismen-Rotationsgerät untersucht. Alle untersuchten Personen verfügten

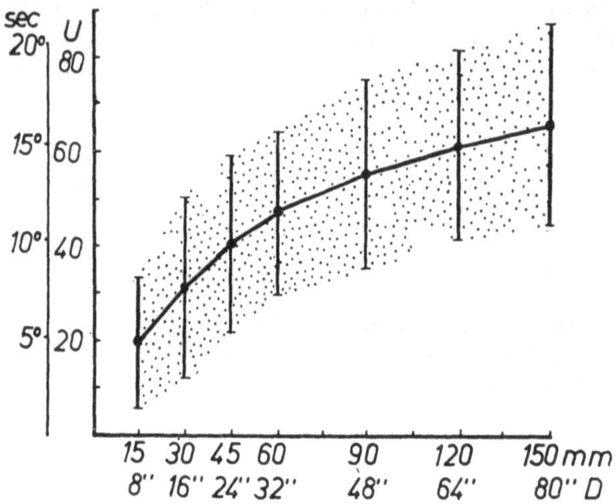

Abb. 6. Mittelwerte und Standardabweichung der dynamischen Stereo-Sehschärfe (n = 103), ermittelt mit dem Prismenrotationsgerät (kreisförmige Bewegungsabläufe) und dem Vierstäbetest. Abszisse: Tiefenabstand der Stäbe in mm (1. Reihe) und als Querdisparationswinkel (D) in Winkelsekunden (2. Reihe). Ordinate: Zahl der Umdrehungen pro Minute (U) (re. Kolumne) und Wegstrecke in Grad pro Sekunden (°/sec) (li. Kolumne).

über eine statische Stereo-Sehschärfe von 16″ Querdisparation oder besser. Die Ergebnisse der Reihenuntersuchungen zeigt Abbildung 6 mit Mittelwertkurve und Standardabweichung. Dabei findet ein Koordinatensystem mit nach rechts ansteigendem Kurvenverlauf Anwendung, um der Vorstellung Rechnung zu tragen, daß mit zunehmender Drehgeschwindigkeit auch die real erkannte Tiefendistanz, d. h. die Größe der Querdisparation ansteigt. Allerdings muß dabei in Kauf genommen werden, daß die Kurve in umgekehrter Richtung, als es dem Prüfungsablauf entspricht, aufgetragen ist, denn die Prüfung beginnt stets mit den hohen Querdisparationen, die im Koordinatensystem auf der Abszisse rechts verzeichnet sind. Die Mittelwertkurve nimmt den in der Optosensorik meistens anzutreffenden Verlauf: Feinere Stufen der Sinnesleistungen sind gegenüber Belastungsfaktoren deutlich anfälliger als grobe Leistungen mit geringen Sehanforderungen.

Alle Untersuchten gaben an, daß eine langsame Bewegung der Testfigur den stereoskopischen Eindruck, den sie bei ruhendem Sehobjekt hatten, keinesfalls beeinträchtigt. Einige wenige Versuchspersonen waren sogar der Meinung, daß eine langsame Bewegung der Testfigur das stereoskopische Sehen verbessern oder erleichtern würde. Meßtechnisch kann sich das bei der Anwendung der Stufenmethode allerdings nicht niederschlagen. Auch bei den Messungen der monokularen dynamischen Sehschärfe konnten JAEGER und HONEGGER (1964) sogar mit der an den üblichen Sehprobentafeln vorhandenen relativ feinen Abstufung keine verbesserten Visuswerte bei einem langsamen Bewegungsablauf registrieren. Nur SCHOBER, JUNKER und GRIMM (1967) fanden mit einer besonderen (gleitenden) Methode an 3 Versuchspersonen bis 5°/sec eine meßbare Visusverbesserung, ähnlich den Befunden von SÖLLNER (1961). Allerdings war dabei die Sehschärfenverbesserung relativ gering und individuell sehr unterschiedlich. Der Anstieg der Sehschärfe bei langsamen Bewegungen der Optotypen wird auf die Vermeidung oder Reduzierung einer Lokaladaptation zurückgeführt, die bei jedem längeren Betrachten eines Objektes zwangsläufig eintritt (s. Kap. 2.1.1.).

Es bleibt die Frage zu beantworten, wieso die dynamische Stereo-Sehschärfe bei zunehmender Geschwindigkeit relativ rasch absinkt, obwohl das Auge außerordentlich schnelle Bewegungen auszuführen vermag, die Zeit zur Erfassung eines stereoskopischen Eindruckes nur Bruchteile von Sekunden beträgt und die Reaktionszeit, die zur Registrierung eines Sehobjektes bei Augenfolgebewegungen und ruckartigen Einstellbewegungen notwendig ist, außerordentlich kurz ist. Die Ursache für das Absinken der Sehleistung liegt in dem relativ unvollkommenen Mechanismus der binokularen Fixation. Nur bei langsamen Bewegungen des Tests entsprechen die Objektbewegungen den Folgebewegungen der Augen (HONEGGER, 1970). Bereits bei geringer Beschleunigung werden die Folgebewegungen immer ungenauer, und es kommt zu großen Korrektursprüngen, bis das bewegte Objekt nicht mehr erkannt werden kann und jede Augenbewegung damit aufhört. Bei mittleren Geschwindigkeiten wird nur dann ein visueller Eindruck befriedigend sensorisch verwertet, wenn der Fixationsmechanismus das Objekt einige Zeit im zentralen oder parazentralen Fixationsareal festzuhalten vermag. Wird das Sehobjekt zunehmend mit peripheren Netzhautorten visuell erfaßt, dann sinkt die dynamische Stereo-Sehschärfe deutlich ab, ebenso wie das bei der dynamischen

Sehschärfe der Fall ist. Die Standardabweichung liegt bei der dynamischen Stereo-Sehschärfe um ein Vielfaches höher als z. B. bei der elementaren statischen Sehschärfe. Ursache hierfür ist in erster Linie die Vielfalt der Faktoren, die in unterschiedlichem Ausmaß bei den einzelnen Versuchspersonen sowohl die stereoskopische Leistung (s. Kap. 2.2.3.) als auch das Sehen bewegter Objekte beeinflussen, von Schwankungen der Aufmerksamkeit und der Interessenlage ganz abgesehen. Nach Auffassung des Sinnesphysiologen MONJÉ (1969) spielen bei allen Wahrnehmungen, die bewegte Objekte betreffen, auch geringe Änderungen der Leuchtdichte und des Adaptationszustandes sowie die Nachbildentstehung eine Rolle.

LUDVIGH (1949) hebt die enorme Streubreite der Untersuchungsergebnisse auch bei der monokularen dynamischen Sehschärfe hervor. Dies fiel auch bei der Untersuchung von 1000 Marinefliegerkadetten auf, über die LUDVIGH und MILLER (1958) berichtet haben, obgleich es sich dabei hinsichtlich Geschlecht, Intelligenzgrad, Beanspruchung, Ermüdungszustand und Alter um relativ gleiche Versuchspersonen gehandelt hat. Die Streubreite war dermaßen groß, daß sie ihre Probanden der Übersicht halber in 3 Gruppen einteilten: 1. in eine Gruppe mit ganz erheblicher Einflußnahme der Geschwindigkeit auf die monokulare Sehschärfe; 2. in eine Gruppe, bei der sich der Bewegungsvorgang auffallend wenig auf die Sehschärfe auswirkte, und 3. in eine Gruppe mit Übergangsfällen.

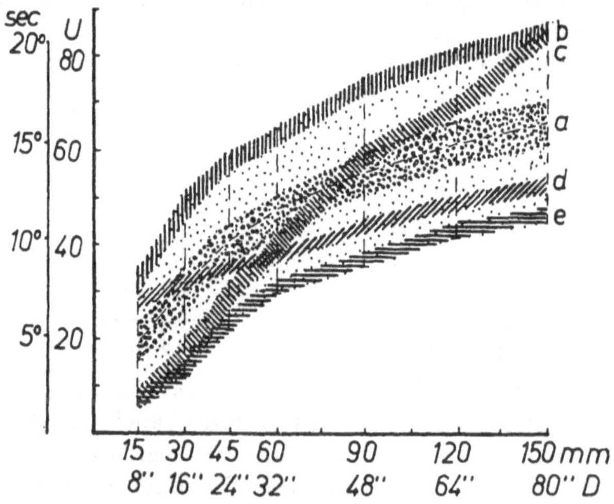

Abb. 7. Typische Reaktionsformen der dynamischen Stereo-Sehschärfe (n = 103) bei Veränderung der Umdrehungsgeschwindigkeit. Prozentsätze der einzelnen Verhaltenstypen im Gesamtkollektiv: a 40%; b 16%; c 8%; d 12%; e 14%. 10% der Probanden waren in diese Verhaltensweisen nicht einstufbar. Abszisse und Ordinate wie Abb. 6.

Auch bei der dynamischen Stereo-Sehschärfe lassen sich unschwer verschiedene Verhaltensweisen unterscheiden. Nicht jede Versuchsperson, die eine überdurchschnittliche dynamische Stereo-Sehschärfe bei erheblichen Bewegungsgeschwindigkeiten hat, zeigt auch eine gute dynamische Stereo-Sehschärfe bei geringen Geschwindigkeiten. Auch das umgekehrte Verhalten ist nicht selten.

Abbildung 7 verdeutlicht typische Verhaltensweisen der Versuchspersonen mit Angabe der Prozentsätze vom Gesamtkollektiv. Die Zahl derjenigen Personen, deren dynamisches Stereosehen sich nicht in diese Kategorien einfügen läßt, ist mit 10% unbeträchtlich. Jedenfalls ist eine Vorhersage, zu welchem Typ eine Testperson gehören könnte, auf Grund eines einzigen Meßergebnisses der dynamischen Stereo-Sehschärfe unmöglich.

Es besteht keine Normalverteilung der Meßergebnisse. Ludvigh und Miller (1958) haben für ihre Untersuchungsergebnisse bezüglich des Kurvenverlaufs der monokularen dynamischen Sehschärfe eine Formel abzuleiten versucht: $y = a + b \cdot x^3$.

Die Kurve der dynamischen Stereo-Sehschärfe gleicht einer Parabel: Nach einem zunächst steilen Anstieg erfolgt eine allmähliche Bremsung des Anstieges mit Annäherung an eine Horizontale. Dieser Kurvenverlauf entspricht der Gleichung

$$y = a + b_1x + b_2x^2 + b_3x^3$$

(a = Regressionskonstante; b_1, b_2 und b_3 Regressionskoeffizienten; y = Umdrehungszahl; x = Tiefenabstand in mm).

In der Abflachung der Kurve bei höheren Geschwindigkeiten muß in erster Linie eine Einflußnahme sekundärer (empirischer) Faktoren der Raumwahrnehmung gesehen werden, insbesondere des Größenvergleichs: Wird beispielsweise ein Stab um die maximale Einstellung beim binokularen Prismen-Rotationsgerät von 150 mm nach vorn gezogen, dann erscheint er aus einer Entfernung von 5 m um 3% breiter. Alle empirischen Faktoren der Raumwahrnehmung (s. Kap. 2.3. und 2.4.) sind gegenüber der Einwirkung des Bewegungssehens in ihrer Qualität weit stabiler als die Stereoskopie und vermögen diese bei laufender Erhöhung der Geschwindigkeit letztlich ganz zu ersetzen bzw. auszuschalten (s. Kap. 8.).

4.1.2. Alterseinfluß

Die ungefähr 10 Milliarden Zellen, die im Gehirn zur Zeit der Geburt vorhanden sind, erleben in Kindheit und Jugend eine wesentliche Aussproßung ihrer Nervenfortsätze, die eine Vermehrung der synaptischen Verbindungen und ein Anwachsen der Assoziationsfähigkeit zur Folge hat. Nach dem 45.

Lebensjahr nimmt die Zellzahl allmählich aber ab, was anfänglich ausreichend durch Empirie, Übung, Anstrengung usw. kompensiert werden kann, schließlich aber doch zum Leistungsabfall führt, von pathologischen Prozessen ganz abgesehen. Diese Entwicklung ist auch für die Teilnahme am Straßenkraftverkehr bedeutungsvoll. Den Komplex Mensch—Fahrzeug—Straße kann man als Regelkreis betrachten (LÜCKING und STRUPPLER, 1982), in dem die Sinnesorgane Informationen aufzunehmen haben; deren altersabhängige Umsetzung in Reaktionen bestimmt in wesentlichem Umfang das Fahrverhalten. Im Alter kommt es zwar zu einer Überschätzung der eigenen Leistungsfähigkeit, im Gegensatz hierzu aber auch zu einer Übervorsichtigkeit, zur Erhöhung der Einstellung hinsichtlich der Sicherheit und zur Abnahme der Risikobereitschaft (HÖLLENHUBERT, AIGNER und KASTENHUBER, 1975; KRÖJ, 1972). Ältere Kraftfahrer haben aus diesem Grunde eine niedrigere Unfallfrequenz als jüngere, was allerdings für Berufskraftfahrer nicht gilt (SANDERS, 1970). Grundsätzlich läßt im Alter die Fahrtauglichkeit insgesamt nach (GRAMBERG-DANIELSEN, 1967).

Über den Einfluß des Alters auf das stereoskopische Schwellensehen sind die Angaben in der Literatur widersprüchlich. Neuere Autoren fanden keine Alterseinflüsse (HOFSTETTER und BERTSCH, 1976; LINSCHOTEN, 1956; RÖMHILD, 1983; VOKES, 1980). Entgegengesetzte Feststellungen sind auf Unterschiede im Visus zurückzuführen, denn bei jüngeren Personen sind Sehschärfen von 1,25 und 1,5 wesentlich häufiger als im Alter, bei der statistischen Auswertung von Reihenuntersuchungen bleibt die durchschnittlich geringere Sehschärfe der alten Menschen aber meistens unberücksichtigt. In höheren Altersstufen wird oft sogar ein Visus von 0,7 als noch normal eingestuft.

HONEGGER, SCHAEFER und JAEGER (1969) verglichen die Werte der monokularen dynamischen Sehschärfe normalsichtiger Versuchspersonen im Alter von 20—30 Jahren mit solchen von 50—60 Jahren und stellten fest, daß ältere Personen eindeutig schlechtere Resultate zeigen als jüngere. Ähnliches fand BURG (1964, 1966). Hierfür sind vermutlich nicht allein die verlängerten Reaktionszeiten älterer Personen, sondern vorwiegend der Verlust der exakten sensorischen Okulomotorik entscheidend; Nach PIPER (1969) kommt es im Alter zu einem okulomotorischen Abbau, der dazu führt, daß Augeneinstellungen im parazentralen und peripheren Gesichtsfeld verzögert und weniger präzise erfolgen. Gerade dies ist beim Sehen bewegter Objekte aber von Bedeutung. Die eingeengte Beweglichkeit der Halswirbelsäule älterer Menschen kann im Rahmen dieser Beurteilung vernachlässigt werden, denn die Ergebnisse waren bei fixiertem und bei frei beweglichem Kopf gleich.

Dementsprechend ist anzunehmen, daß auch die dynamische Stereo-Sehschärfe im Alter reduziert ist. Bei einem Vergleich von Personen unter 40 Jahren mit solchen über 40 Jahren ergab die Signifikanzberechnung zwischen beiden Gruppen ein besseres Ergebnis für die jüngeren Probanden mit einer Irrtumswahrscheinlichkeit von 0,1%.

4.1.3. Einfluß des Geschlechtes

Der Frage, ob sich zwischen den beiden Geschlechtern ein Unterschied hinsichtlich der statischen Stereo-Sehschärfe (Tiefensehschärfe) findet, sind mehrere Untersucher nachgegangen, immer mit negativem Ergebnis. Eine Literaturübersicht hierüber bringt LINSCHOTEN (1956). Auch RÖMHILD (1983) fand bei ihren Untersuchungen der statischen Tiefensehschärfe am Dreistäbegerät keine Differenzen. An sich ist ein solcher Unterschied deswegen zu erwarten, weil Frauen eine durchschnittlich kleinere Pupillendistanz und damit auch eine schmalere Stellungsparallaxe besitzen als Männer. In einem Prüfungsabstand von 5 m ergibt beispielsweise eine Tiefendistanz von 10 mm bei einer Stellungsparallaxe (= Pupillardistanz) von 60 mm eine Querdisparation von 4,9″, bei einer Stellungsparallaxe von 65 mm aber eine solche von 5,4″, d. h. Personengruppen, vorwiegend Frauen und Kinder, die physiologischerweise einen durchschnittlich kleineren Pupillarabstand besitzen, müßten an sich eine etwas geringere Stereo-Sehschärfe aufweisen als Personen mit weitem Pupillarabstand. Auf einen psychologischen Faktor in diesem Problemenkreis hat BLASIUS (1953) hingewiesen: Farbbeachter haben ein durchschnittlich schlechteres Raumsehen als Formbeachter; Frauen sind aber unter den Farbbeachtern häufiger als Männer.

Unter den untersuchten 103 Personen befanden sich 63 Frauen und 40 Männer. Die statistische Berechnung ergab keine signifikante Differenz beider Gruppen.

4.1.4. Einfluß der beruflichen Tätigkeit

Eine Einflußnahme des Berufes auf die dynamische Stereo-Sehschärfe ist auf zweierlei Weise denkbar: Zum einen könnte eine berufliche Tätigkeit, bei der die dynamische Stereo-Sehschärfe ständig beansprucht wird, zu einer spezifischen Leistungsverbesserung im Sinne eines Trainings- bzw. Übungseffektes führen, zum anderen ist es möglich, daß in Berufen mit hohen Anforderungen an die dynamische Stereo-Sehschärfe vorwiegend solche Personen tätig werden und sich bewähren können, die über eine gute oder ausgezeichnete dynamische Stereo-Sehschärfe verfügen. Bezüglich der statischen Stereoskopie wird die erste Möglichkeit von den meisten Autoren verneint. Wo sich dennoch ein scheinbarer Zusammenhang zwischen Beruf und Stereo-Sehschärfe ergab, war vermutlich eine bessere Ausgangsposition, z. B. hinsichtlich der Sehschärfe, die Ursache. Die zweite Möglichkeit wurde besonders von RÖMHILD

(1983) analysiert, nachdem sie bei einer Reihenuntersuchung von Stereoauswertern in der Kartographie und Geodäsie eine signifikant bessere durchschnittliche statische Stereo-Sehschärfe gefunden hatte als bei anderen Personen. In der Tat kann ein Ausleseprozeß nicht ausgeschlossen werden, weil Personen mit mittlerer oder schlechter Stereo-Sehschärfe eine berufliche Tätigkeit mit hohen Anforderungen an das stereoskopische Sehen wegen optosensorischen Insuffizienzen bald wieder aufgeben bzw. aufzugeben gezwungen werden.

Hinsichtlich der dynamischen Stereo-Sehschärfe differieren die einzelnen Berufsgruppen nicht voneinander. Allerdings waren Berufsangehörige mit speziellen Anforderungen an die statische und dynamische Stereoskopie unter den 103 Versuchspersonen nicht vorhanden, so daß es durchaus denkbar ist, daß sich Personen mit ungenügender dynamischer Stereo-Sehschärfe in Berufen, in denen hohe Leistungen an das Bewegungssehen vorausgesetzt werden müssen, nicht halten können.

4.1.5. Dynamische Stereo-Sehschärfe und dynamische Sehschärfe im Vergleich

Es liegt nahe, die Ergebnisse der dynamischen Sehschärfenprüfung und jene der dynamischen Stereo-Sehschärfenprüfung gegenüberzustellen. Schwierigkeiten liegen dabei vorwiegend in der unterschiedlichen Struktur beider Sinnesfunktionen: Die Sehschärfe hat einen elementaren Charakter und ist relativ selbständig, die Existenz der Stereo-Sehschärfe ist aber ohne Sehschärfe nicht möglich; die Sehschärfe ist im wesentlichen eine Funktion der fovealen Netzhautzellen und ihrer Trennschärfe (Minimum separabile), die dynamische Stereo-Sehschärfe basiert auf Funktionssystemen in der Sehrinde und stellt eine komplizierte assoziative Leistung des Zentralnervensystems mit all ihren Abhängigkeiten dar. Die zunehmende Geschwindigkeit und die konsekutive Abnahme der Sehleistung bis zu einem Zustand, bei dem die Blickbewegung dem Testobjekt nicht mehr zu folgen vermag, ist keine Hauptursache für die Leistungsbegrenzung, denn die Augen können an sich Bewegungen von etwa 500°/sec ausführen, und bei dynamischen Sehschärfeprüfungen wurden sogar Geschwindigkeiten bis zu 260°/sec erreicht (MILLER und LUDVIGH, 1962).

Die entscheidende Ursache für die jeweilige Leistung bei zunehmenden Geschwindigkeiten ist sowohl für die dynamische Sehschärfe als auch für die dynamische Stereo-Sehschärfe die Insuffizienz des sensomotorischen Fixationsmechanismus: Mit ansteigender Geschwindigkeit werden die Spurlinien der Blickbewegungen immer ungenauer, das Testobjekt kann nicht mehr ausreichend lange im Fixationsareal gehalten werden und wird immer mehr auf der Netzhaut in Bereichen abgebildet, deren Auflösungsvermögen zu schlecht für die Erkennung der visuellen Aufgabe ist. Wegen des mangelhaften Fixationsvermögens ist die dynamische Sehschärfe für kreisförmige Bewegungen auch viermal so schlecht wie die für horizontale Bewegungen (LUDVIGH, 1949), gleiche Winkelgeschwindigkeit vorausgesetzt. Desgleichen sprechen für diese Ursache die schlechteren Ergebnisse der dynamischen Sehschärfenprüfung bei älteren im Vergleich zu jüngeren Personen, zwischen denen sehr große Unterschiede in der Präzision der Fixation bestehen. Ausfahrende Fixationsbewegungen sind ohne Zweifel eine Folge der Grenzen zentraler Assoziationen von Optomotorik und Optosensorik (DRISCHEL, 1961).

Prüfungsmethode und Prüfungsablauf glichen bei der nachfolgend beschriebenen Prüfung der dynamischen Sehschärfe jenen der dynamischen Stereo-Sehschärfe. Nur wurden anstelle des Vierstäbetests die Optotypen (PFLÜGERsche Haken) des Sehzeichenprojektors vom VEB Carl Zeiss Jena verwendet. Die Prüfung der dynamischen Sehschärfe erfolgte zum besseren Vergleich mit der binokularen Stereo-Sehschärfe ebenfalls binokular, was am binokularen Prismen-Rotationsgerät ohne Schwierigkeit möglich ist. Von den 13 normalsichtigen Versuchspersonen erreichten 10 einen statischen binokularen Visus von 1,25, 4 sogar einen binokularen Visus von 1,5.

Die Ergebnisse dieser Versuchsreihe wurden mit Mittelwert-Kurve und Standardabweichung in das gleiche Diagramm eingetragen, wie das auch bei den Reihenuntersuchungen der dynamischen Stereo-Sehschärfe geschehen ist (Abb. 8). Dabei bestand allerdings die Schwierigkeit, die Kurven der dynamischen Sehschärfe mit jener der dynamischen Stereo-Sehschärfe zu koordinieren. Dies konnte nur angenähert gelingen: Die Stereo-Sehschärfe von 15 mm Tiefendistanz wurde einer binokularen Sehschärfe von ca. 1,25 gleichgesetzt; eine Tiefendistanz von 150 mm stellte somit eine stereoskopische Leistung von 10% (0,1) dar. Aber auch ohne zusammenfügende diagrammatische Darstellung im gleichen Koordinatensystem waren die kennzeichnenden Differenzen der beiden Kurven auffällig.

Unabhängig von der Darstellungsweise gibt es zwischen beiden Kurven grundsätzliche Unterschiede: Die Kurve für die dynamische Sehschärfe zeigt einen stetigen, aber langsamen Anstieg im Bereich geringer Geschwindigkeiten, der bei zunehmenden Geschwindigkeiten deutlich steiler wird, so daß bei hohen Geschwindigkeiten, etwa über 200 U/min, eine völlige Insuffizienz zu erwarten ist. Keine Versuchsperson erreichte bei einer Geschwindigkeit von 200 U/min einen Visus von 0,04. Die für die dynamische Sehschärfe gefundenen Werte stimmen nahezu genau mit jenen von JAEGER und HONEGGER (1958) überein. Hingegen steigt die Kurve für die dynamische Stereo-Sehschärfe bei zunehmender Geschwindigkeit zunächst rasch an, um bald in eine annähernde Horizontale mit nur noch geringer Aszendenz überzugehen; d. h. schnelle Geschwindigkeiten haben auf die Erkennung von groben Tiefendistanzen nur noch einen geringen Einfluß, wobei schließlich bei realen Objekten die Stereoskopie durch andere Möglichkeiten der Raumwahrnehmung ersetzt wird (s. Kap. 2.4.). Insgesamt handelt es sich bei hohen Geschwindigkeiten für die dynamische Stereo-Sehschärfe nur um etwa 1/3 der Umdrehungen pro Minute, die bei der dynamischen Sehschärfe noch meßbare Resultate ergeben.

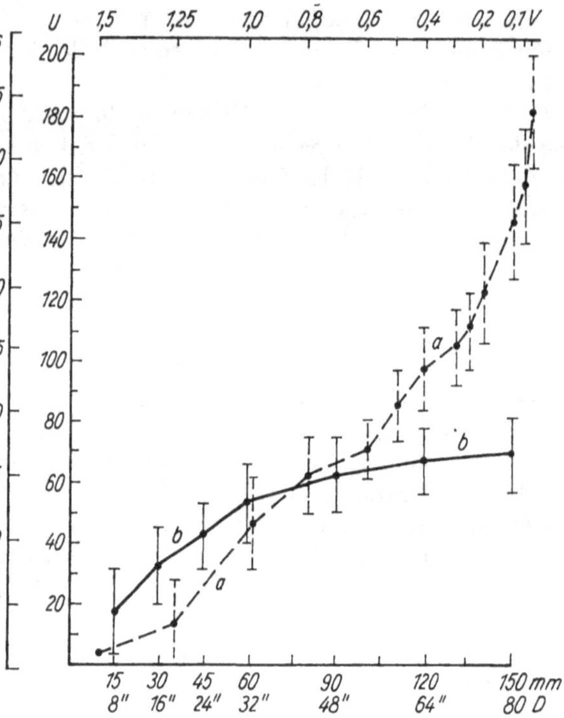

Abb. 8. Vergleich der Schwellenwerte der dynamischen Sehschärfe (Sehschärfe für bewegte Objekte) (a) und der dynamischen Stereo-Sehschärfe (b). Abszisse unten: Tiefenabstand der Stäbe in mm und als Querdisparationswinkel. Abszisse oben: Sehschärfe in Dezimalen von 1,0 bis 0,04. Ordinate: Zahl der Umdrehungen pro Minute (re.) und der Wegstrecke in Grad pro Sekunden (li.).

Bei größeren Tiefendistanzen beginnt bei Geschwindigkeiten von 15°/sec bereits der Wirkungsbereich der sog. sekundären (empirischen) Faktoren der Raumwahrnehmung, vor allem die Beurteilung naher und ferner gelegener Objekte durch die Unterschiede in der Größe. Bei natürlichem Sehen kommt auch die Parallaktoskopie immer stärker zur Geltung, die erfahrungsgemäß die Stereoskopie bei der dreidimensionalen Lokalisierung von Objekten in schneller Bewegung und bei gröberen Tiefendistanzen qualitativ bald übertrifft.

Die Nutzanwendung für das praktische Leben ist naheliegend: Die Stereo-Sehschärfe behält auch bei mittleren Bewegungsabläufen zwar einen abnehmenden, aber doch meist noch ausreichenden Informationswert.

4.2. Die dynamische Parallaktoskopie

Zusammenfassung: Bei 79 Versuchspersonen wurde monokular die dynamische (dyn.) Parallaktoskopie (Par.) ermittelt. 1/4 der Probanden erreichten einen Schwellenwert von 15 mm Tiefendistanz (≙ 60″ Raumsehschärfe) oder besser, 3/4 erreichten 30 mm (≙ 120″ Raumsehschärfe) oder besser. Bewegungsparallaktoskopische Raumsehschärfen > 60 mm (≙ 240″) sind nicht mehr normal. Die Standardabweichung ist relativ hoch. Ein totales Versagen der dyn. Par. ähnlich der Stereoamaurose bei Strabismus ist nur bei schweren Hirnschädigungen denkbar. Zwischen aktiver und passiver Bewegungsparallaktoskopie besteht kein nachweisbarer Unterschied. Eine signifikante Altersabhängigkeit ist nur bei passiver Bewegung festzustellen, weil dabei zentrale Assoziationen stärker als bei aktiver Bewegung belastet sind. Ein Einfluß des Geschlechtes und der beruflichen Tätigkeit ist nicht vorhanden. Bei einem Vergleich beider Augen zeigt das re. Auge nur bei aktiver Bewegung eine signifikant bessere dyn. Par. als das li. Auge, vermutlich wegen der Äugigkeit; bei passiver Bewegung gibt es keinen Unterschied. Wegen des gleichen Leistungsniveaus der dyn. Par. bei aktiver und bei passiver Bewegung kann sich eine Routineuntersuchung ausschließlich auf die wesentlich einfachere Prüfung der aktiven Bewegungsparallaktoskopie mit Kopf- und Körperbewegungen beschränken.

4.2. The Dynamic Parallactoscopy

Summary: In 79 test persons the dynamic parallactoscopy was monocularly established. 1/4 of the test persons got a threshold value of 15 mm depth distance (≙ 60″ three-dimensional visual acuity) or better, 3/4 achieved 30 mm (≙ 120″) or better. Dynamic parallactoscopic three-dimensional visual acuities below 60 mm (≙ 240″) are no more normal. The standard deviation is relatively high. A total failure of the dynamic parallactoscopy similar to the stereoamaurosis in strabismus is possible only in severe cerebral injuries. There is no significant difference between active and passive dynamic parallactoscopy. A significant age difference is to be established only in passive movement, since in this case central associations are more stressed than in active movement. There is no influence by sex and professional activity. In a comparison of the two eyes the right eye only in active movement shows a significantly better dynamic parallactoscopy than the left eye, probably on account of the dominance; there is no difference in passive movement. On account of the same functional levels of the dynamic parallactoscopy in active and passive movement a routine examination can only be restricted ro the essentially simpler testing of the active parallactoscopy with movements of head and body.

4.2.1. Mittelwerte und Standardabweichung

Insgesamt wurden zur Reihenuntersuchung 79 normalsichtige Personen im Alter von 15 bis 79 Jahren, davon 49 Männer und 30 Frauen, herangezogen; das Durchschnittsalter betrug 39,5 Jahre (Standardabweichung ±16,5 J.). Der Mittelwert der zugrunde gelegten Sehschärfe war 0,86 (Standardabweichung 0,19). Unter den Versuchspersonen überwogen die rechten Augen geringgradig (rechts:links = 41:38). Von allen Probanden wurde Alter, Geschlecht, Seite des geprüften Auges, Sehschärfe und Berufsausbildung registriert. Für die monokulare Prüfung wurde stets das bessere bzw. das gesunde Auge herangezogen und ggf. das andere Auge mittels Augenverband abgedeckt.

Die *Parallaktoskopie bei aktiver Bewegung* wurde mit dem Dreistäbetest bei Kopf- und Körperbewegung ermittelt, die Parallaktoskopie bei passiver Bewegung durch Bewegung der Testfigur am Parallaktoskopometer (s. Kap. 3.2.3.).

Die Bewegungsparallaktoskopie bei Kopf- und Körperbewegungen, die recht häufig unbewußt zur Raumerkennung verwendet wird, erbrachte einen Mittelwert des gerade noch erkennbaren Raumunterschiedes am Parallaktoskopo-

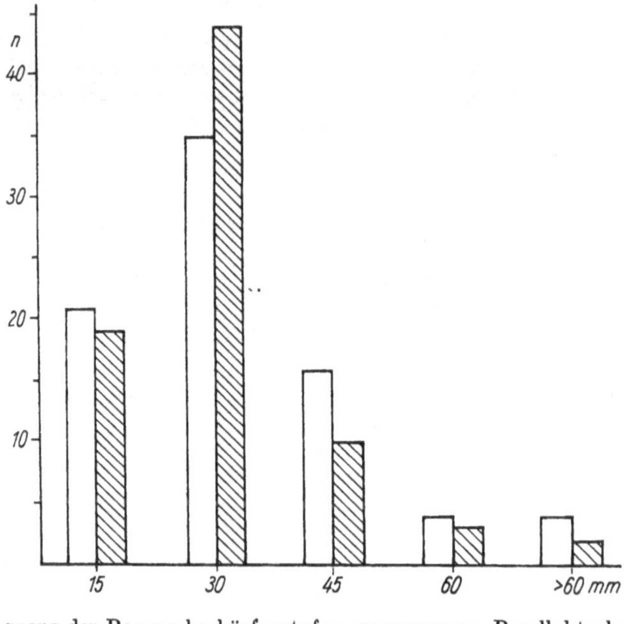

Abb. 9. Frequenz der Raumsehschärfenstufen, gemessen am Parallaktoskopometer bei aktiver (schraffierte Säulen) und passiver (leere Säulen) Bewegung (n = 79). Abszisse: Bewegungsparallaktische Schwellenwerte in mm (Prüfungsentfernung 4,5 m). Ordinate: Jeweilige Anzahl der Versuchspersonen.

meter bei einer Prüfungsentfernung von 4,5 m von 2,7 cm, das bedeutet eine parallaktoskopische Raumsehschärfe (s. Kap. 3.2.3.) von 108″. Es besteht keine Normalverteilung, wie das für nahezu alle optosensorischen Schwellenbestimmungen zutrifft. Die ermittelte Häufigkeitsverteilung zeigt das Säulendiagramm der Abbildung 9. Was hinsichtlich der aktiven dynamischen Parallaktoskopie als normal, als ausreichend oder als pathologisch bzw. nicht mehr ausreichend gewertet werden sollte, kann aus den statistischen Ergebnissen nicht ohne weiteres abgelesen werden. 1/4 der Probanden erreichten den vergleichsweise guten Wert von 15 mm Tiefendistanz (≙ 60″ Raumsehschärfe). Leistungen der aktiven dynamischen Parallaktoskopie mit Werten von 45 mm (≙ 180″ Raumsehschärfe) können als noch ausreichend bewertet werden. Bei Werten schlechter als 45 mm bestehen aber offensichtlich eindeutige Hemmungen in der visusensorischen Leistungsfähigkeit, so daß diese Werte als pathophysiologisch angesehen werden sollten. Für Berufe und Tätigkeiten, bei denen die Beurteilung dreidimensionaler Situationen eine herausragende Rolle spielt, sollte jedenfalls eine gute aktive Bewegungsparallaktoskopie (30 mm Tiefendistanz ≙ 120″ Raumsehschärfe) gefordert werden. Die Standardabweichung ist relativ hoch. Dies läßt vermuten, daß die aktive dynamische Parallaktoskopie auf mehreren selbständig variierenden und voneinander unabhängigen optosensorischen Faktoren basiert, so daß im Extremfall durch Summation mehrerer gleichgerichteter Varianten ein Exzeß des Prüfwertes entstehen kann.

Es besteht Grund zur Frage, ob nicht mit einer anderen Abstufung der dargebotenen Tiefendistanzen den physiologischen Gegebenheiten der Bewegungsparallaktoskopie besser Rechnung getragen werden könnte. Für die Prüfung der Sehschärfe hat SCHOBER (1976) eine logarhithmische Abstufung der Optotypengrößen vorgeschlagen, weil damit eine praxisnähere Erfassung der visuellen Leistungen möglich sei. Für die dynamische Parallaktoskopie trifft dies indessen kaum zu und würde darüber hinaus nur die Herstellung des Tests erheblich erschweren: Aus gleichen Gründen wurde sowohl bei älteren als auch bei modernen Tests zur Messung der Schwelle der Stereoskopie eine lineare Abstufung der Testschwierigkeit gewählt.

Eine totale Versagenshaltung ist hinsichtlich des parallaktoskopischen Raumsehens durchaus denkbar, vergleichbar mit der Stereoamaurose. Ein sog. zentraler Faktor (F. P. HOFMANN, 1925), der beim binokularen Raumsehen eine erhebliche Rolle spielt, ist bei der dynamischen Parallaktoskopie allerdings noch nicht beschrieben, wenn auch fest steht, daß eine gewisse assoziative Leistung des Zentralnervensystems vorausgesetzt werden muß, damit die unterschiedlichen Bewegungsgeschwindigkeiten der vor und hinter dem Testobjekt stehenden Konturen in eine dreidimensionale Vorstellung transformiert werden kann. Nur bei einigen schwer Hirngeschädigten ist dies zu erwarten (RENNERT, 1977).

Bei der aktiven dynamischen Parallaktoskopie handelt es sich offensichtlich um eine sehr elementare Leistung des Visukortex, die nicht an solch komplizierte Assoziationen wie das stereoskopische Sehen gebunden ist. Außerdem haben bei der dynamischen Parallaktoskopie einige Faktoren, die beim binokularen Raumsehen nicht unwichtig sind (z. B. binokulare Fusion, Heterophorien, Anomalien der Okulomotorik, Anisometropien, Aniseikonien), keine Bedeutung, weil die dynamische Parallaktoskopie nur von monokularen Faktoren, vor allem von der statischen Sehschärfe, abhängig ist.

Die *passive Bewegungsparallaktoskopie* wurde mit fixiertem Kopf bei einer Bühnenbreite von 40 cm und einer Geschwindigkeit von 0,5 m/s des Testobjektes geprüft (s. Kap. 3.2.3.). Der Mittelwert der gerade noch wahrgenommenen Tiefendifferenz betrug bei der Reihenuntersuchung, zu der die gleichen Personen wie bei der aktiven Bewegungsparallaktoskopie herangezogen wurden, 2,9 cm, die Standardabweichung 1,6 cm, die Frequenz der Schwellen aller Versuchspersonen zeigt das Säulendiagramm der Abbildung 9.

Zwischen aktiver und passiver Bewegungsparallaktoskopie ergibt sich kein signifikanter Unterschied. Die durchschnittliche Schwelle der Raumsehschärfe bei der passiven Bewegungsparallaktoskopie beträgt 116″.

4.2.2. Alterseinfluß und Einfluß der statischen Sehschärfe

Beim bewegungsparallaktischen Sehen kombinieren sich vorwiegend monokulare optosensorische und okulomotorische Anforderungen. Da es sich bei beiden um assoziative Leistungen des Zentralnervensystems handelt, sind von vornherein Alterseinflüsse wahrscheinlich, wobei den negativen Einflüssen des Alters die positiven Einwirkungen von Erfahrung und Übung entgegenstehen mögen. Allerdings sind am Parallaktoskopometer die Anforderungen an Sensorik und Motorik relativ gering: Es handelt sich nur um mittlere Geschwindigkeiten, deren Ausmaß bei der aktiven Bewegungsweise von Kopf- und Körperbewegungen noch dazu von den Probanden selbst bestimmt, d. h. letztlich seinem Leistungsvermögen angepaßt werden kann. Mit dem Erkennen der Stäbe sind ebenfalls keine besonderen visuellen Belastungen verbunden, da die Stäbe mit einem Durchmesser von 3,6 mm für eine visuelle Wahrnehmung dick genug waren.

Um einen direkten Alterseinfluß über die altersabhängige Sehschärfe auszuschalten, wurden zur statistischen Auswertung die partiellen Korrelationskoeffizienten nach Eliminierung der restlichen Einflußgrößen, vor allem der Sehschärfe, für die aktive als auch für die passive Bewegungsparallaktoskopie berechnet. Dabei ergaben sich wesentliche Unterschiede zwischen den beiden Arten der Bewegung: Während bei aktiven Kopf- und Körperbewegungen kein Alterseinfluß fetszustellen war, konnte er bei passiven Bewegungen mit einer Irrtumswahrscheinlichkeit von 5% signifikant nachgewiesen werden.

Die Altersabhängigkeit der passiven Bewegungsparallaktoskopie ist für praktische Belange von einiger Bedeutung, denn es gibt viele Tätigkeiten, besonders im motorisierten Straßenverkehr, bei denen ausschließlich oder hauptsächlich die passive dynamische Parallaktoskopie gefordert ist. Deren Insuffizienz kann durchaus eine erhöhte Unfallaffinität zur Folge haben, wenngleich anzunehmen ist, daß geringe Leistungsminderungen durch Erfahrung, Übung, Aufmerksamkeit und Vorsicht kompensierbar sind, Eigenschaften, die zu einer allgemeinen Abnahme der Verkehrsunfälle im Alter führen (s. Kap. 4.1.2.). Jedenfalls wird auch von der dynamischen Parallaktoskopie her der Komplex Mensch — Fahrzeug — Straße (Lücking und Struppler, 1982) durch die Altersinvolution beeinflußt. In der Verkehrsmedizin verdient aber der Alterseinfluß erst in höheren Lebensjahrzehnten Beachtung (Gramberg-Danielsen, 1976). Über den Alterseinfluß auf das stereoskopische Sehen s. Kap. 4.1.2.

In diesem Zusammenhang interessieren die Befunde von Honegger, Schäfer und Jaeger (1969) bezüglich der dynamischen monokularen Sehschärfe. Sie fanden bei jüngeren Personen signifikant bessere dynamische Sehschärfenwerte als bei älteren und führen dies auf die verlängerten Reaktionszeiten älterer Menschen sowie auf die Reduzierung der gesamten Visusensorik, vor allem aber auf eine verzögerte und wenig präzise Fixationseinstellung bei Augenfolgebewegungen zurück, was auch für die Bewegungsparallaktoskopie von Bedeutung ist.

Obwohl eine erniedrigte statische Sehschärfe auch eine verminderte dynamische Sehschärfe erwarten läßt, ist im Einzelfall nicht unmittelbar von der statischen auf die dynamische Sehschärfe zu schließen, wie das in den umfangreichen Untersuchungen von Ludvigh und Miller (1958) sowie von Jaeger und Honegger (1964) festgestellt worden ist. Es galt herauszufinden, ob die statische Sehschärfe eine ebenso lockere Beziehung zur dynamischen Parallaktoskopie besitzt, ob interindividuelle Unterschiede vorliegen und in welchem Ausmaß eine Leistungsminderung bei reduzierter Sehschärfe zu erwarten ist.

Im Untersuchungskollektiv ($n = 79$) zeigen trotz großer interindividueller Unterschiede statische Sehschärfe und dynamische Parallaktoskopie eine direkte Proportionalität. Beispielsweise liegt die Raumsehschärfe der Probanden mit einem statischen Visus von 0,4 bis 0,6 etwa bei 50% der als normal anzusehenden dynamischen parallaktoskopischen Leistungen.

4.2.3. Einfluß des Geschlechts und der beruflichen Tätigkeit

Ein signifikanter Unterschied zwischen beiden Geschlechtern ist nicht feststellbar. Ein solcher kann wohl auch kaum erwartet werden, da die Bewegungsparallaktoskopie eine Sinnesleistung darstellt, zu der die Geschlechter — parallel zu anderen visuellen Leistungen wie Sehschärfe, Dämmerungssehen, Gesichtsfeldgrenzen u. a. — gleichartig veranlagt sind. Auch beim Raumsehen auf Grund der Stereoskopie haben fast alle Untersucher nach Differenzen zwischen beiden Geschlechtern gesucht, stets mit negativem Erfolg.

Etwa die Hälfte der Probanden waren Personen mit Hochschul- oder Fachschulabschluß, so daß sich zwanglos 2 Gruppen bilden ließen (Personen mit und ohne Qualifikationen), die miteinander verglichen werden konnten. Die Auswertung ergab keinen signifikanten Unterschied.

Ebenso wie bei der dynamischen Stereoskopie (s. Kap. 4.1.4.) hat der Beruf sowie das Niveau der Ausbildung demzufolge keinen signifikanten Einfluß auf die Bewegungsparallaktoskopie. Dies trifft auch für Personen zu, die täglich Tätigkeiten nachgehen, für die ein gutes räumliches Stereosehen wichtig ist, wie beispielsweise Arbeiter im Hochbau, Berufskraftfahrer, Handwerker.

Die Bewegungsparallaktoskopie ist wie Sehschärfe, Dunkeladaptation usw. eine Sinnesqualität, die prinzipiell — wenn auch mit bemerkenswerten Unterschieden — jedem sehenden Individuum eigen ist und deren Qualität durch Intelligenz und Ausbildung nicht beeinflußt wird. Zu vermuten ist allerdings eine Beeinflussung der Prüfergebnisse durch Eigenschaften wie Konzentrationsfähigkeit, Interessenzuwendung, Beobachtungsgabe, die unabhängig vom Beruf bei den einzelnen Personen im unterschiedlichen Maße vorhanden sind. Sie stellen aber Eigenschaften dar, die schwer quantifizierbar sind und die kaum verläßlich analysiert werden können.

4.2.4. Vergleich beider Augen

Die Seitenangabe des zu prüfenden Auges war anfänglich nur der Vollständigkeit halber in die Registrierung einbezogen worden. Um so erstaunlicher war es daher, daß bei der anschließenden statistischen Auswertung der Seitenvergleich beider Augen einige interessante Resultate erbrachte: Die Parallaktoskopie der rechten Augen war bei aktiver Bewegung signifikant (Irrtumswahrscheinlichkeit 5%) besser als die der linken Augen; die Differenzen betrugen bis zu 20%. Bei passiver Bewegung zeigte sich indessen kein signifikanter Unterschied.

Bei der Erklärung dieses Phänomens ist vorrangig die monokulare Dominanz (Äugigkeit) zu berücksichtigen, d. h. das Vorherrschen des jeweiligen optosensorischen Eindruckes des rechten Auges bei etwa 85% aller Menschen über jenen des linken Auges, bei etwa 10% dominiert das linke Auge, etwa 5% sind Ambidexter, d. h., bei diesen Personen ist eine Dominanz eines Auges nicht nachweisbar. Diese Prozentangaben schwanken etwas, je nach der Untersuchungsmethode, aber stets überwiegt die Dominanz des rechten Auges erheblich.

Ursache dieser Dominanz ist u. a. das Überwiegen der Leistungen der linken Großhirnhemisphäre bei allen visuellen Impulsen. Dieses seit langem bekannte Ordnungsprinzip, dem auch Händigkeit und Beinigkeit zuzurechnen sind, ist relativ labil, aber immerhin so beständig, daß es bei umfangreichen Reihenuntersuchungen mit großer Regelmäßigkeit in Erscheinung tritt. Erkrankungen und das Abdecken des führenden Auges stören den Betroffenen wesentlich stärker als der Ausfall des nichtführenden Auges. Aus diesen Zusammenhängen läßt sich folgern, daß bei einem Vergleich beider Augen auch im Rahmen eines monokularen Prozesses, der etwas mehr Anforderungen beansprucht als nur das elementare Sehen, das führende Auge zu einer besseren Sehleistung imstande ist als das nichtführende Auge, zumal dann, wenn die visuelle Leistung Assoziationen mit anderen Hirnarealen voraussetzt, beispielsweise mit den Bewegungszentren im Parietalhirn. Gerade dies ist aber der Fall, wenn ein Proband nach Abdecken des führenden Auges Kopf und Oberkörper bewegen soll, um eine dreidimensionale Situation besser erkennen zu können.

Reale Objektbewegungen am Parallaktoskopometer zur Prüfung der passiven Bewegungsparallaktoskopie haben hingegen vermutlich einen zu abstrakten Charakter, vor allem ohne jegliche Beteiligung weiterer Hirnareale, als daß dabei die Dominanz eines Auges bzw. die größere Leistungsfähigkeit der linken Großhirnhemisphäre zur Auswirkung kommen könnte. Dem entspricht auch die Beobachtung, daß das Ergebnis der Äugigkeitsprüfung mit Hilfe des ROSENBACHschen Visierversuches u. a. von nicht wenigen sekundären Faktoren abhängt, so z. B. von der Seite der Hand, mit der der Proband den Bleistift führt, von Kopfdrehungen u. a. m.

4.2.5. Vergleich zwischen aktiver und passiver Bewegungsparallaktoskopie

Zwischen den Schwellenwerten der aktiven und passiven Bewegungsparallaktoskopie (s. Kap. 4.2.1.) besteht ein annähernd gleiches Leistungsniveau, obgleich es sich um 2 voneinander relativ unabhängige, andersartig strukturierte Sinnesfunktionen handelt, wie die unterschiedlichen Alterseinwirkungen und der Vergleich der Prüfungsergebnisse der rechten mit jenen der linken Augen zeigen. Aber trotz dieser Strukturdifferenzen sind die individuellen Schwankungen zwischen beiden Arten der Bewegungsparallaktoskopie gering.

Für die praktische Handhabung der Prüfung der Bewegungsparallaktoskopie ist dies eine nicht unwichtige Feststellung. Sie zeigt, daß auch bei der Prüfung an einem ruhenden Testobjekt mittels aktiver dynamischer Parallaktoskopie, z. B. an einem üblichen Dreistäbeapparat, das Leistungsvermögen der Bewegungsparallaktoskopie beurteilt werden kann, ohne daß die Notwendigkeit zu einem relativ kompliziert aufgebauten Parallaktoskopometer besteht.

Der Proband sollte aber in sitzender Position genügend Möglichkeit haben, Kopf- und Oberkörper frei und unbegrenzt hin und her zu bewegen, nicht — wie das von einigen Autoren (CORDS, 1912; PERLIA, 1911; PFALZ, 1907) bislang stets geschehen ist — nur um 2—3 cm. Es bedarf somit keiner aufwendigen Apparatur mit Motorantrieb, Tachometer usw., um die individuelle Leistungsfähigkeit der Bewegungsparallaktoskopie zu messen.

5. VARIATIONEN VON TESTOBJEKT UND PRÜFUNGSMETHODEN

Zusammenfassung: Am *Prismen-Rotationsgerät* hat die Prismenstärke und damit der Durchmesser der scheinbaren kreisförmigen Bewegung eine grundsätzliche Bedeutung: Bewegungen in kleinen Kreisen werden von den Augenfolgebewegungen weit besser bewältigt als solche in großen Kreisen; wird dabei aber von der Winkelgeschwindigkeit (= Grad pro Sek.) ausgegangen, dann ist die dynamische Stereo-Sehschärfe bei Bewegungen in großen eindeutig besser als in kleinen Kreisen. Bei horizontalen Bewegungen sind dynamische Sehleistungen etwa viermal so gut wie bei kreisförmigen. Die Stabdicke der Tests hat auf die Prüfungsresultate keinen Einfluß, sofern die Stäbe auch in der Bewegung noch mühelos zu erkennen sind. Je breiter die Stabmittenabstände sind, um so schlechter ist die dynamische Stereo-Sehschärfe. Die Stabhöhe hat zwischen 10 cm und 1 cm keinen Einfluß auf die Prüfungsresultate. 2 anstelle von 4 Stäben bringt eine signifikante Verbesserung der Prüfungsresultate. Um das Doppelte bessere Ergebnisse zeigt die Prüfung mit 2 tiefendistanten Flächen. Am Parallaktoskopometer zeigt die Objektgeschwindigkeit in dem prüfbaren Bereich nur einen geringen Einfluß auf das bewegungsparallaktische Raumsehen. Dagegen besitzt die Darbietungszeit einen maßgeblichen Einfluß auf die Schwelle der passiven Bewegungsparallaktoskopie. Sie ist zwischen 0,5 und 2,0 Sekunden optimal. Bei horizontalen Bewegungen sind Raumtiefen besser zu erkennen als bei schrägen oder vertikalen Bewegungen. Am Parallaktoskopometer beeinflussen Stabdicke und Stabmittenabstände die Raumsehschärfe nicht oder nur unwesentlich, desgleichen Stabhöhen zwischen 12 cm und 1 cm. Die Verwendung von nur 2 anstelle von 3 Stäben führt zu einer Abnahme der bewegungsparallaktischen Sehleistung, auch die Verwendung von 5 Stäben. Am Doppeldreieck nach CORDS ergeben sich mit dem 3-Stäbe-Test vergleichbare Resultate.

5. Variations of Test Object and Control Task

Summary: At the prism rotation device the strength of the prisms and thus the diameter of the apparent circular movement are of fundamental importance: movements in small circles are by far better performed by the consecutive movements of the eyes than such ones in large circles; but when in such a case one proceeds from the angular velocity (= distance of the passage), then the dynamic stereoscopic visual acuity is unequivocally better in large circles than in small ones. In horizontal movements dynamic visual powers are about four times as good as in circular movements. The thickness of the bars in the tests has no influence on the results of the control, so far the bars are still to be recognized without trouble also when moving. The broader the distances from the middle of the bars the worse in the dynamic stereoscopic visual acuity The height of the bars between 10 cm and 1 cm has no influence on the results of the tests. 2 bars instead of 4 ones bring a significant improvement of the results of the test. The test with 2 depthdistant surfaces shows by double better results. At the parallactoscopometer thickness of the bars and distances from the middle of the bars have no or only little influence on the three-dimensional visual acuity. Heights of the bars between 10 and 1 cm do not show any influence on the dynamic parallactoscopy. The use of only 2 bars instaed of 3 ones leads to a reduction of the dynamic parallactic performance of vision; also the use of 5 bars instead of 3 ones causes a deterioration. Only when a double triangle is used results are obtained comparable to the 3-bars-test. In the area tested the speed of the object has no essential influence on the dynamic parallactic visual acuity. The time or performance has an optimum between 0,5 and 2 sec. In a horizontal direction of the movement the dynamic parallactoscopy is only slightly better than in vertival and oblique movements.

5.1. Einleitende Bemerkungen

Bei den bisherigen visusensorischen Prüfungsmethoden waren fast alle Untersucher bestrebt, festzustellen, in welchem Umfang Apparate und methodische Modifikationen Einfluß auf die Prüfungsergebnisse zu nehmen imstande sind. Hinsichtlich der statischen Stereo-Sehschärfe hat LINSCHOTEN alle derartigen Versuche bis 1956 zusammengestellt; RÖMHILD (1983) widmete den apparativen Modalitäten am Dreistäbeapparat besondere Aufmerksamkeit.

Auch beim dynamischen Raumsehen sind viele Variationen der Prüfungsanordnung, der Testfigur und des Prüfungsapparates möglich, deren Analyse erforderlich ist, zumal andere Geräte zur Prüfung der dynamischen Raumsehschärfe noch nicht existieren. Speziell die dynamische Stereo-Sehschärfe ist von 2 äußerst sensitiven Komponenten abhängig: Der Stereoskopie und der Okulomotorik; um so wahrscheinlicher ist es, daß sich Änderungen der Prüfungsbedingungen in den Prüfungsresultaten niederschlagen.

Auch bei der Prüfung der monokularen dynamischen Sehschärfe galten mehrere Untersuchungsreihen der Auffindung des besten Prüfungsverfahrens. Zuerst geschah das von LUDVIGH (1949); er veränderte bei 3 Versuchspersonen den Kreisdurchmesser der Objektbewegungen, die Umdrehungsgeschwindigkeit der Optotypen sowie die Leuchtdichte.

Die folgenden Untersuchungsreihen sollen aufzeigen, in welchem Umfange und mit welcher Tendenz beide Arten der dynamischen Raumsehschärfe durch apparative Faktoren beeinflußt werden können. Derartige Analysen haben nicht nur methodenkritischen Wert, sondern sind auch von praktischem Interesse: Sie demonstrieren, daß für die Qualität am Arbeitsplatz und im

Straßenverkehr, wo immer Leistungen der dynamischen Raumsehschärfe gefordert sind, Normalwerten nur eine bedingte Bedeutung zukommt. Darüber hinaus weisen sie auf die Vielfalt der Faktoren hin, die eine dynamische Sehleistung beeinflussen können.

5.2. Die dynamische Stereo-Sehschärfe

5.2.1. Verschiedene Kreisbewegungen

Bei der Untersuchung der dynamischen Stereo-Sehschärfe mittels synchron rotierender Prismen muß in Kauf genommen werden, daß es sich um kreisförmige Augenbewegungen und damit um eine wesentlich kompliziertere koordinative Leistung der Okulomotorik handelt, als dies bei Horizontalbewegungen der Fall ist (Dieker und Honegger, 1968). Kreisförmige Folgebewegungen zwingen die Augen zu einer ständigen Richtungsänderung der Augenbewegung und zu entsprechend häufigen Korrektursprüngen. Die monokulare dynamische Sehschärfe ist infolgedessen bei Horizontalbewegungen der Optotypen etwa 4mal besser als bei kreisförmigen Bewegungen. Die Registrierung der Kreisbewegungen der Augen zeigt des weiteren, daß bei kleinen Umlaufzahlen pro Minute Augenfolgebewegungen gut ausgeführt werden können, bei großen Umlaufzahlen mit den entsprechend langen Wegstrecken pro Sekunde die Augenfolgebewegungen aber immer mehr den Zusammenhang zum Test verlieren (Honegger, 1966). Wird nicht von der Zahl der Umdrehungen pro Minute, sondern von den Winkelgeschwindigkeiten ausgegangen, dann ist die Verfolgung eines sich kreisförmig bewegenden Objektes für das Auge leichter möglich, sofern es sich um Kreisbewegungen mit größerem Radius handelt. Bei Erhöhung der Winkelgeschwindigkeit bei kleineren Kreisradien zeigt die Augenfolgebewegung bald eine zunehmende Verzerrung bis hin zu einem elliptischen Gebilde mit horizontaler Hauptachse. Auch Ludvigh (1949) fand, daß bei Bewegungen der Optotypen auf kleinen Kreisbahnen, d. h. bei Verwendung weniger starker Prismen zur Simulierung der Rotationsbewegungen, die Sehleistungen geringer sind als bei großen Kreisbahnen, sofern von der Winkelgeschwindigkeit, d. h. der zurückgelegten Wegstrecke ausgegangen wird.

Rotierende Prismen von 4 prdpt ergeben in einem Beobachtungsabstand von 5 m einen Kreisradius von 20 cm und einen Kreisumfang von 125,7 cm. Es lag nahe, zur Analyse der dynamischen Stereo-Sehschärfe auch andere Prismenstärken zu verwenden, um den Faktor der sensomotorischen Koordination in Kombination mit der Stereoskopie erfassen zu können. Es wurden Untersuchungen mit 2 prdpt, 4 prdpt und 8 prdpt durchgeführt; die entsprechenden Kreisumfänge betragen in einer Beobachtungsentfernung von 5 m 62,8 cm, 125,7 cm und 251,3 cm. Aus der gemessenen Umdrehungszahl pro

Minute (U/min) kann für jeden Wert die Winkelgeschwindigkeit pro Sekunde (°/sec) errechnet werden, unter Berücksichtigung der Prüfungsentfernung und des Umfangs des Kreises, den die Prismenablenkung verursacht (Tab. 4).

Tabelle 4

Umrechnungstabelle für die am Prismen-Rotationsgerät abgelesenen Umdrehungszahlen pro Minute (U/min) in Winkelgrad pro Zeitsekunde (°/sec) für die Prismenstärken 2 prdpt, 4 prdpt und 8 prdpt

Umdrehung pro min. (U/min)	Winkelgrad pro Sekunde (°/sec)		
	2 prdpt $r = 10$ cm $u = 62{,}8$ cm	4 prdpt $r = 20$ cm $u = 125{,}7$ cm	8 prdpt $r = 40$ cm $u = 251{,}3$ cm
10	1,2	2,4	4,8
20	2,4	4,8	9,6
30	3,6	7,2	14,2
40	4,8	9,6	19,2
50	6,0	12,0	24,0
60	7,2	14,4	28,8
70	8,4	16,8	33,6
80	9,6	19,2	38,4
90	10,8	21,6	43,2
100	12,0	24,0	48,0
110	13,2	26,4	52,8
120	14,4	28,8	57,6
130	15,6	31,2	62,4
140	16,8	33,6	67,2

Tabelle 5

Umrechnung der Ergebnisse am Prismen-Rotationsgerät von °/sec in m/s bzw. in Stundenkilometer (Beobachtungsdistanz 5 m)

m/s	°/sec	Stundenkilometer km/h
0,50	5,68	1,8
1,00	11,45	3,6
1,50	17,18	5,4
2,00	22,90	7,2
2,50	28,63	9,0
3,00	34,35	10,8
3,50	40,08	12,6
4,00	45,80	14,4

Arbeitsmedizinisch, besonders verkehrsmedizinisch, von Interesse sind die Geschwindigkeiten in m/s oder Stundenkilometer, die bei den verschiedenen Umdrehungsgeschwindigkeiten erreicht werden. Die Umrechnung zeigt Tabelle 5. Daraus ergibt sich, daß es sich bei den simulierten Bewegungen am Prismen-Rotationsgerät um wenig mehr als um Fußgänger- bzw. Laufgeschwindigkeiten handelt.

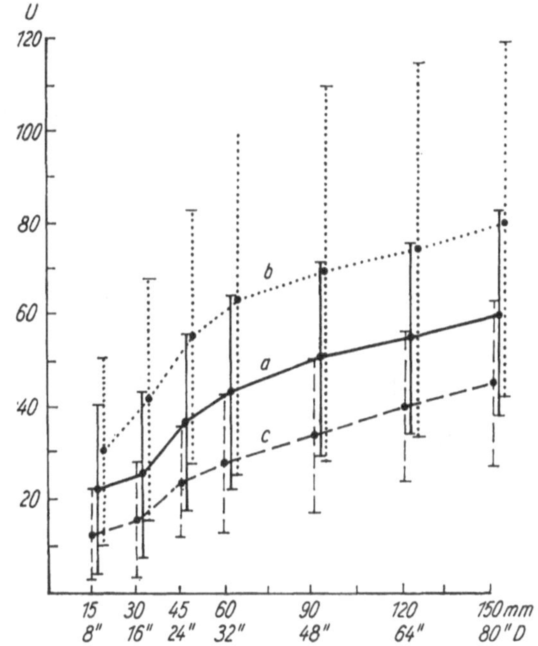

Abb. 10. Mittelwerte und Standardabweichung der dynamischen Stereo-Sehschärfe (n = 10) bei Vorsetzen unterschiedlich starker Prismengläser in das Prismenrotationsgerät, in Abhängigkeit von der Umdrehungsgeschwindigkeit. a Prismenstärke 4 pdpt bds. mit gleichgerichteter Prismenbasis; b Prismenstärke 2 pdpt bds.; c Prismenstärke 8 pdpt bds. Abszisse: Tiefenabstand der Stäbe in mm und als Querdisparationswinkel. Ordinate: Zahl der Umdrehungen pro Minute.

Das Ergebnis dieser Vergleichsuntersuchungen zeigen Abbildungen 10 und 11. Sie bestätigen folgendes:

a) Bei kleinen Kreisbewegungen ist nicht nur das zweidimensionale, sondern auch das dreidimensionale Sehvermögen besser als bei mittelgroßen bzw. größeren Kreisbewegungen, gleiche Umdrehungszahl pro Minute vorausgesetzt (Abb. 10). Alle 3 Kurven der Abbildung unterscheiden sich signifikant mit einer Irrtumswahrscheinlichkeit von 0,1%.

b) Wird indessen von der Winkelgeschwindigkeit (Grad pro Sekunde = °/sec) ausgegangen, so ergibt sich geradezu eine Inversion der Relationen: Dann zeigt sich, daß Kreisbewegungen mit größerem Radius leichter von den Mechanismen der Fixation und der Okulomotorik bewältigt werden, also bei gleicher Weggeschwindigkeit bessere Sehleistungen ermöglichen als Kreisbewegungen mit kleinen Radien (Abb. 11).

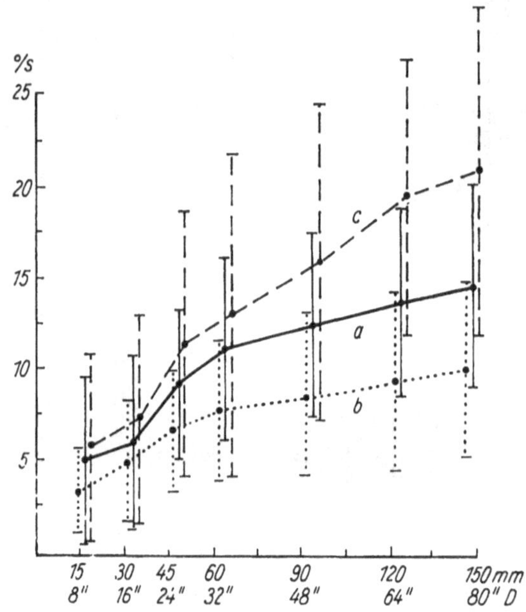

Abb. 11. Mittelwerte und Standardabweichung der dynamischen Stereo-Sehschärfe (n = 10) bei Vorsetzen unterschiedlich starker Prismengläser in das Prismenrotationsgerät, in Abhängigkeit von der Wegstrecke (in °/sec), die das simulierte Bild zurücklegt. Abszisse: Tiefenabstand der Stäbe (in mm) und als Querdisparationswinkel. Ordinate: Wegstrecke in Grad pro Sekunden (a—c s. Abb. 10).

Für die Prüfungsmethode hat sich nicht nur bei der dynamischen Sehschärfe, sondern auch bei der dynamischen Stereoskopie am binokularen Prismen-Rotationsgerät die Verwendung von Prismen mit 4 prdpt bewährt. Die benötigten Umdrehungszahlen am Gerät sind dabei weder zu groß noch zu klein, die Augen brauchen vor allem nicht zu ausgiebig umherzuschweifen.

Die spezielle Feststellung, daß die dynamische Sehschärfe bei horizontaler Bewegung besser als bei vertikaler oder gar bei schräger Bewegung ist (Ludvigh und Miller, 1958), kann auf das stereoskopische Sehen nicht ohne weiteres übertragen werden, weil vertikale Konturen eine wesentlich höhere stereoskopische Wertigkeit besitzen als horizontale Konturen. Bei vertikalen Bewegungen werden darüber hinaus die vertikalen Strukturen des Testobjektes länger und intensiver wahrgenommen, als das bei horizontalen Bewegungen möglich ist. Eine experimentelle Überprüfung dieser Beziehungen ist indessen kaum möglich, weil durch Spiegelsysteme wohl sehr gut die monokulare dynamische Sehschärfe in allen Blickbewegungsrichtungen analysiert werden kann; aber beim Blick über drehbare Spiegel kommt es nicht minder zu sekundären nichtstereoskopischen Faktoren der Tiefenwahrnehmung und damit zur Unmöglichkeit, die Qualität der Stereoskopie isoliert zu erfassen. Zur Problematik der Prüfung der Stereo-Sehschärfe mit Polarisationstests siehe Kapitel 2.2.2.

Hingegen dürfen jene Feststellungen von Honegger und Schaefer (1968) über die dynamische Sehschärfe auch auf die dynamische Stereo-Sehschärfe übertragen werden, die sich auf die Sehleistung bei Blickhebung und -senkung beziehen: Die monokulare dynamische Sehschärfe wird bei der Blickhebung über 10° oder bei einer Blicksenkung unter 20° zunehmend schlechter, ihre Qualität fällt also bei der Blickhebung früher und intensiver als bei der Blicksenkung ab; bei etwa 5° Blickneigung erreicht sie ihr Optimum, also etwa in jener Blickstellung, die beim Autofahren und bei vielen handwerklichen Tätigkeiten vorrangig bzw. annähernd eingenommen wird.

5.2.2. *Verschiedene Stabdicken*

Alle Prüfungen der monokularen dynamischen Sehschärfe haben bislang ergeben, daß zwischen der Erkennbarkeit der Optotypen und der Qualität der dynamischen Sehschärfe ein unmittelbarer Zusammenhang besteht: Je größer und leichter erkennbar das Testzeichen, um so schneller kann die Bewegung erfolgen, bei der das Testzeichen noch erkannt wird. Die Erkennbarkeit einer Optotype hängt aber letztlich von ihrer Strichdicke ab, z. B. bei Landolt-Ringen und Pflüger-Haken. Für die dynamische Sehschärfe hat Jaeger (1958) gefunden, daß beispielsweise in einer Strichdicke von 10′ die Optotypen noch bei einer Winkelgeschwindigkeit von 50°/sec erkannt werden (kreisförmige Bewegung), in einer von 1′ bei einer Winkelgeschwindigkeit von nur etwa 10°/sec.

Zwecks Überprüfung des Zusammenhangs zwischen Stabdicke und dynamischer Stereo-Sehschärfe wurden Stäbe mit einem Durchmesser von 1,8 mm, 3,6 mm und 7,2 mm (das ergibt Öffnungswinkel von 1′14″, 2′29″ und 4′57″) verwendet und mit unterschiedlichen Geschwindigkeiten dargeboten. Es besteht kein signifikanter Unterschied zwischen den 3 Untersuchungsreihen, vermutlich weil aus technischen Gründen zwischen den Stabdurchmessern nur ein Verhältnis von 1:2:4 herstellbar war; bei der Prüfung der monokularen dynamischen Sehschärfe betrug das Verhältnis der Strichdicke der kleinsten und größten Optotypen hingegen weit mehr als 1:10; auch bei den höchsten Geschwindigkeiten am Prüfgerät waren die dünnsten Stäbe mit 1,8 mm Durchmesser zur Erkennung noch dick genug. Dies schließt nicht aus, daß es bei sehr hohen Geschwindigkeiten bzw. bei sehr dünnen Stäben bzw. kleinen Objekten Grenzen der Erkennbarkeit gibt.

Auf die Stabdicken ist im allgemeinen bei der Messung der statischen Stereo-Sehschärfe wenig Wert gelegt worden. Keinesfalls existiert hierbei, wie etwa bei der Visusbestimmung, eine Standardisierung, so daß die von den verschiedenen Autoren verwendeten Stabdicken an den Geräten stark schwanken. Bei Stabdicken, die bei einer herabgesetzten Sehschwäche zu gering und deswegen kaum mehr sichtbar sind, wird eine Stereo-Sehschärfe nicht mehr nachweisbar sein, obgleich möglicherweise gutes stereoskopisches Sehen besteht.

Bei der Wahrnehmung bewegter Objekte spielen diese Faktoren eine noch gravierendere Rolle als bei ruhenden Objekten. Für Tests zur Prüfung der dynamischen Stereo-Sehschärfe sollten daher nur solche Stäbe verwendet werden, deren Durchmesser die Sehschärfe der betreffenden Testperson um ein mehrfaches übersteigt, damit zu der Erschwerung der Detailwahrnehmung beim Bewegungsvorgang nicht auch noch die Erschwerung durch mangelhafte Sichtbarkeit der Testfigur hinzukommt.

Für das tägliche Leben sind diese Beziehungen von nicht geringem Belang: Kleine Objekte sind bei schnellen Bewegungen dreidimensional relativ ungenau zu lokalisieren, z. B. ein Stein, der von einem entgegenkommenden Lastwagen herunterfällt und die Frontscheibe eines Kraftwagens zertrümmert, oder das Insekt, das gegen das Gesicht eines Motorradfahrers prallt. Allerdings ist das meiste, was im Straßenverkehr in der Bewegung bzw. aus der Bewegung heraus gesehen wird oder werden muß, gut erkennbar, selbst bei schwierigen Sichtverhältnissen.

Über die verkehrsmedizinischen Beziehungen der statischen Sehschärfe (beispielsweise die Erkennungsentfernung in Abhängigkeit von der Fahrgeschwindigkeit u. a. m.) hat AULHORN (1976) umfassende Untersuchungen durchgeführt.

5.2.3. Verschiedene Stababstände

Vielen Autoren ist aufgefallen, daß die statische Stereo-Sehschärfe um so schlechter ist, je weiter die Stäbe voneinander entfernt sind. Nach BEST (1949) und RÖMHILD (1983) liegt der optimale Stababstand bei einem Sehwinkel von 17′, nach MATSUBAYASHI (1937) und OLBRICHT (1961) bei etwa 30′. Die unterschiedlichen Angaben haben ihre Ursachen in den differierenden Gerätekonzeptionen (LINSCHOTEN, 1956). Ist der Seitenabstand der Stäbe zu weit, dann übertreffen unter natürlichen Sehbedingungen die empirischen Faktoren der Raumwahrnehmung, vor allem die Parallaktoskopie, die Stereoskopie. Andererseits vermindert sich die statische Stereo-Sehschärfe, sofern extrem geringe Stababstände gewählt werden. Für alle Methoden zur Messung der Stereo-Sehschärfe, auch für jene, die auf Polarisatoren und Anaglyphen basieren, ist das Problem der Konturenabstände nicht unwichtig.

Für die Vergleichsuntersuchungen am binokularen Prismen-Rotationsgerät betrugen die Stabmittenabstände 15 mm, 30 mm, 60 mm und 120 mm, die entsprechenden Sehwinkel 10′, 20′, 41′ und 82′. Eine deutliche Abhängigkeit

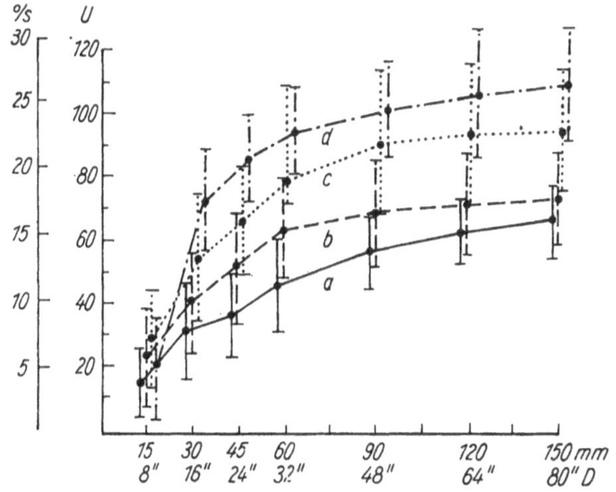

Abb. 12. Mittelwerte und Standardabweichung der dynamischen Stereo-Sehschärfe (n = 10) bei unterschiedlichem Mittenabstand der 4 Stäbe. a bei einem Mittenabstand von 15 mm; b von 30 mm; c von 60 mm; d von 120 mm. Abszisse: Tiefenabstand der Stäbe in mm und als Querdisparationswinkel. Ordinate: Zahl der Umdrehungen pro Minute und der Wegstrecke in Grad pro Sekunde.

der dynamischen Stereo-Sehschärfe von den Stabmittenabständen zeigt Abbildung 12: Oberhalb von 30 mm Tiefendistanz nehmen größere Stabmittenabstände einen nachhaltigen positiven Einfluß auf die dynamische Stereoskopie. Bei kleinen Querdisparationen und geringen Geschwindigkeiten sind die Stabmittenabstände von geringer Bedeutung. Ein stereoskopischer Eindruck kommt bei hoher Geschwindigkeit mit weiten Stababständen leichter zustande als mit kleinen Abständen. Zwischen allen Untersuchungsreihen bestehen signifikante Unterschiede mit einer Irrtumswahrscheinlichkeit von 0,1%. Die Ursachen dieser Differenzen beruhen vorrangig auf der leichteren Unterscheidbarkeit und Beurteilung der Tiefendistanzen bei größeren Stababständen unter den Sehbedingungen der Bewegung. Je schneller die Bewegung, um so vorteilhafter ist ein weiter Stababstand, bei dem die Unterschiede in der Position der Stäbe müheloser aufgefunden werden können. Bei kleinen Stababständen überdecken sich die Bilder der bewegten Stäbe nur allzu leicht, bei raschen Augenfolgebewegungen entsteht gleichsam das Unvermögen, nahe beieinanderliegende gleichartige Details, wie sie die 4 Stäbe des Tests darstellen, voneinander zu differenzieren und ihren visusensorischen dreidimensionalen Eindruck miteinander in Vergleich zu setzen. Die Beurteilung einer dreidimensionalen Situation wird bei schnellen Bewegungen jedenfalls begünstigt, wenn die Konturen nicht so dicht beieinander liegen.

5.2.4. Verschiedene Stabhöhen

Die Frage, wie hoch die Stäbe sein müssen, um optimale Prüfungsresultate zu erhalten, hat fallweise schon beim Dreistäbegerät eine Rolle gespielt, vor allem wohl deswegen, weil bei einer geringen Stabhöhe die Apparatur weniger umfangreich wird und damit weniger Aufwand bei der Herstellung benötigt. Schon 1923 fanden FRUBÖSE und JAENSCH zwischen Stabhöhe und Tiefensehschärfe jedoch keine Abhängigkeit. Später nahmen sich auch BEST (1949) und SAMSONOWA (1936) experimentell dieses Problems an, mit gleichem Resultat.

Durch Blenden an der Testbühne oben und unten kann am Prismen-Rotationsgerät die Höhe des Testfeldes von 10 cm auf 5 cm, 2 cm und 1 cm leicht verschmälert werden. Das Ergebnis war eindeutig: Selbst bei einer Höhe von 1 cm gab es keine Minderung der dynamischen Stereo-Sehschärfe. Noch niedrigere Teststabhöhen wurden nicht erprobt. Anhand dieses Untersuchungsergebnisses liegt der Schluß nahe, daß es für die Sehrinde unwichtig ist, wie lang die querdisparaten Konturen sind, die dreidimensional lokalisiert werden sollen. Bereits der Umstand, daß vertikale Konturen im Blickfeld erkennbar sind, genügt für die stereosensorischen Assoziationen in der Sehrinde.

In diesem Zusammenhang liegt die Frage nahe, warum bei nahezu allen 3-Stäbe-Konstruktionen zur Bestimmung der statischen Stereo-Sehschärfe in Ferne und Nähe nicht kürzere Stäbe Verwendung gefunden haben. Offensichtlich ist diese wesentliche Möglichkeit zur Vereinfachung von allen Autoren erst zu spät oder überhaupt nicht erkannt worden. Selbstverständlich erschwert die Verwendung langer Stäbe den Gerätebau, in welcher Entfernung auch immer geprüft wird; denn gleichdicke verziehungs- sowie krümmungsfreie Stäbe herzustellen, die auch vollkommen gerade bleiben, ist bei einer Stabdicke von einigen Millimetern oder Bruchteilen davon schwierig. Auch bei allen in dieser Arbeit beschriebenen Versuchsreihen zur Prüfung der dynamischen Stereo-Sehschärfe hätte die Verwendung einer Testfeldhöhe von nur 2 cm (anstelle von 10 cm) zweifelsfrei zu den gleichen Resultaten geführt, dabei aber weit weniger Probleme bei der Herstellung des Tests gebracht.

5.2.5. *Tiefendistanz von nur 2 Stäben*

Die Prüfungsanordnung des Drei- bzw. Vierstäbetests ist das Ergebnis labortechnischer und sinnesphysiologischer Überlegungen, bei denen die Praktikabilität des Prüfungsvorganges eine nicht unwichtige Rolle gespielt hat. Im täglichen Leben wird die Stereoskopie allerdings nur äußerst selten in derartiger Weise gefordert. Die Basis des Dreistäbeapparates für die stereoskopische Beurteilung bilden 6 vertikale Grenzkonturen, von denen die vier außenstehenden von den beiden mittleren Konturen stereoskopisch zu differenzieren sind. Am Vierstäbetest sind es mit den Konturen der Seitenblenden sogar 10 Grenzkonturen.

Realitätsnäher ist es, wenn nur 2 Stäbe dargeboten werden, von denen der eine etwas vor- oder zurücksteht. Adäquate Situationen sind im täglichen Leben häufig: Ein stabförmiges Sehobjekt, ein Zweig oder ein Draht, dessen Lage bzw. Tiefendistanz im Vergleich zu einem ähnlichen Sehobjekt in seiner räumlichen Anordnung beurteilt werden soll.

Das Prinzip der Zweistäbeanordnung ist bereits für die statische Stereoskopie in vielfältiger Variation verwendet worden (Bishop, 1977; Howard, 1919; Matsubayashi, 1939; Verhoeff, 1933; Wagner, 1949). Auch Hering und v. Helmholtz haben fallweise 2 Stäbe verwendet. Alle Autoren hatten damit offenbar Erfolg, blieben aber mit diesem Vorgehen ohne nennenswerte Nachfolger, obgleich das Zweistäbeverfahren im Vergleich zum Dreistäbeapparat auch physiologisch die klarere und exaktere, weil elementarere und besser analysierbarere Konzeption besitzt. Aber auch die modernen stereoskopischen Polarisationstests bieten stets mehrere Konturen dar, der auf Polarisation beruhende Titmus-Ring-Test mit seinen Kreisen und der Umgrenzung beispielsweise deren 6.

Es galt auch bei der Prüfung der dynamischen Stereoskopie die Möglichkeit zu klären, ob nur mit 2 Stäben untersucht werden könnte. Statt der 4 Stäbe und der Seitenblenden wurden 2 Stäbe von 3,6 mm Dicke mit einem Mittenabstand in der Frontoparallelen von 3 cm ohne Seitenblende dargeboten (Abb. 3d). Einer der Stäbe wurde jeweils in Stufen von 15 mm nach vorn gezogen. Probleme bei der Auswertung der Resultate wegen des Horopterverlaufes, die beim Dreistäbetest meistens deutlich zum Vorschein kommen (s. Kap. 2.2.3.), gibt es bei dieser Versuchsanordnung nicht. Insgesamt waren die Leistungen hinsichtlich der dynamischen Stereo-Sehschärfe mit 2 Stäben signifikant besser (Irrtumswahrscheinlichkeit 0,1%) als die mit dem Vierstäbetest gefundenen (Abb. 13). Die Reduzierung der vertikalen Konturen von 10 auf 4 wirkt sich offensichtlich nicht leistungsmindernd, sondern leistungssteigernd aus.

Für die monokulare dynamische Sehschärfe stellt eine Vielzahl vertikaler

Konturen zweifellos eine Erleichterung für die Beurteilung dar, vor allem wegen des größeren Anreizes für die Ausführung von Augenfolgebewegungen. Der optokinetische Stimulus ist dabei ohne Zweifel vehementer, weil sich dieser nicht auf die Erkennbarkeit einer einzelnen Struktur, sondern auf eine Mehrzahl oder Vielzahl optokinetischer Details stützen kann, wie dies beispielsweise

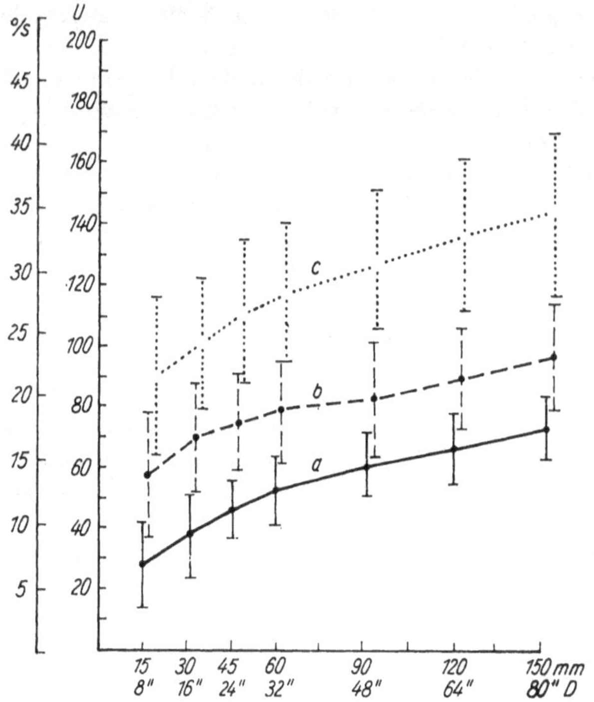

Abb. 13. Mittelwerte und Standardabweichungen der dynamischen Stereo-Sehschärfe (n = 10) bei Darbietung von nur 2 Stäben (b) und von 2 Platten (c) anstelle von 4 Stäben (a). Abszisse: Tiefenabstand der Stäbe in mm und als Querdisparationswinkel. Ordinate: Zahl der Umdrehungen pro Minute und der Wegstrecke in Grad pro Sekunden.

bei der Auslösung des optokinetischen Nystagmus mit einem Schachbrettmuster geschieht. Aber bei bewegten Objekten mit Tiefendistanzen kommt zu dieser optosensorischen Situation der äußerst wesentliche Zeitfaktor hinzu: Dem Beobachter bleibt während der Blicksprünge (s. Kap. 2.5.) wenig Zeit, alle dargebotenen Konturen auf unterschiedliche Tiefe visuell abzutasten, um die für die Beurteilung relevanten Grenzkonturen herauszufinden. Bei Darbietung von nur 2 Stäben entfällt dieser Auswahlprozeß.

Diese Aufgabenstellung ist bei Verwendung von 3 Stäben im HERINGschen Dreistäbeapparat (anstelle von 4) allerdings kaum schwerer als bei Verwendung von nur 2 Stäben, weil sich die Aufmerksamkeit des Probanden nur auf einen einzigen Stab (den mittleren Stab) zu konzentrieren braucht. Deswegen ergab sich, daß mit dem Dreistäbeapparat ähnlich gute Werte wie mit 2 Stäben zu erreichen sind.

5.2.6. Tiefendistanz von 2 Flächen

Noch näher als die 2-Stäbe-Versuchsanordnung kommt die Beurteilung der räumlichen Situation von 2 tiefendifferenten Flächen an die Erfordernisse des täglichen und beruflichen Lebens heran, sofern deren Grenzkonturen nicht zu weit auseinanderliegen. Besonders für den Straßenverkehr trifft diese Feststellung zu: Beim Einfahren in Parklücken und in Garagen, beim Überholvorgang, bei der Fahrt durch Straßeneinengungen, bei Kolonnenfahren u.a.m. ist stets die Flächenbegrenzung des eigenen Fahrzeugs mit der Lage einer anderen Fläche in Vergleich zu setzen. Ähnliche Beispiele gibt es aus arbeitsmedizinischer Sicht zur Genüge. Dabei wird allerdings die Zahl der für die stereoskopische Beurteilung zur Verfügung stehenden Grenzkonturen im Vergleich zur 2-Stäbe-Anordnung noch weiter reduziert, nämlich auf 2.

Anstelle der 2 Stäbe wurden 2 Blenden (10 cm breite schwarze Platten) verwendet. Ihr seitlicher Abstand betrug 3 cm. Eine der Blenden wurde in Stufen von 15 mm nach vorn verschoben. Die Testperson hatte anzugeben, welche Fläche sich vorn befand. Rechts und links von den Platten waren keine weiteren Konturen bzw. räumliche Bezugspunkte zu erkennen.

Das Prüfungsergebnis zeigt Abbildung 13. Der Unterschied der Prüfungsergebnisse zwischen 4 Stäben und 2 Flächen ist mit einer Irrtumswahrscheinlichkeit von 0,1% signifikant. Auch zwischen den Prüfungsergebnissen mit 2 Stäben und 2 Platten besteht ein signifikanter Unterschied, bei einer Irrtumswahrscheinlichkeit von 0,1% zugunsten der Verwendung zweier Platten. Mit der Darbietung von den nur 2 benachbarten Grenzlinien zweier Platten wird die stereoskopische Prüfung auf die elementarste Form gebracht, die denkbar ist. Dabei besteht zusätzlich der Vorteil, daß Schwierigkeiten bezüglich der Erkennbarkeit, die bei bewegten Stäben — zumal in rascher Bewegung — nicht ausgeschlossen werden können, nicht bestehen, es sei denn, die beiden Konturen würden unscharf gesehen. Dies ist wohl der Grund dafür, daß mit 2 Platten als Testfigur die besten Werte der dynamischen Sehschärfe im Vergleich zu allen anderen Untersuchungsreihen erreicht wurden. Es stellt somit einen wesentlichen Vorteil dar, daß es der Sehprozeß im beruflichen und täglichen Leben vorwiegend mit tiefendistanten bewegten Flächen zu tun hat. Bei geringen Fahrtgeschwindigkeiten wird damit eine erstaunlich hohe Präzision der Stereoskopie erreicht.

Gleiche Resultate ergaben sich bei Verwendung des übereinander gestellten Doppeldreiecks (nach CORDS, 1912), bei dem auch nur 2 Konturen, wenn auch aufgeteilt auf 2 Dreiecke, beurteilt werden müssen (s. Kap. 5.3.4. und Abb. 3f).

5.3. Die dynamische Parallaktoskopie

5.3.1. Verschiedene Stabdicken

Die Größe bzw. Dicke ist für die Erkennbarkeit eines sich in Bewegung befindlichen Objektes, z. B. einer Optotype, von nicht geringer Bedeutung, wie die Untersuchung der monokularen dynamischen Sehschärfe gezeigt hat (JAEGER und HONEGGER, 1964; LUDVIGH und MILLER, 1958; SCHOBER, MUNKER und GRIMM, 1967). Dies trifft allerdings für die monokulare dynamische Parallaktoskopie nur bedingt zu; ohnehin bleibt die Geschwindigkeit der Testbewegung am Parallaktoskopometer unverändert, nachdem sich herausgestellt hat, daß Geschwindigkeiten in einem weiten mittleren Bereich die Qualität der dynamischen Parallaktoskopie nur unbedeutend beeinflussen. Die unverändert eingestellte Geschwindigkeit von 0,5 m/s (= 6,3°/s in 4,5 m Entfernung) ist langsam genug, damit Stäbe mit einer Dicke von 3,6 mm auch unter dynamischen Sehbedingungen mühelos erkannt werden können.

Die Untersuchungsresultate mit Stabdicken von 1,8 mm, 3,6 mm und 7,2 mm ergaben keine signifikanten Unterschiede. Untersuchungen bei einem Visus $< 0,5$ zeigten jedoch, daß bei Verwendung sehr dünner Stäbe die passive dynamische Parallaktoskopie sich verschlechtert, sobald die Stabdicke die dynamische Sehschärfe (s. Kap. 2.1.) unterschreitet.

5.3.2. Verschiedene Stababstände und Stabhöhen

Mit der Qualität des Raumsehens bei nahen und weiten Abständen der Stäbe bzw. Konturen der Testfigur haben sich bereits eine ganze Reihe Untersucher der statischen Stereoskopie befaßt (s. Kap. 5.2.3.). Alle Autoren fanden, daß bei weiten Stababständen die Leistung des räumlichen Sehens abfällt; dies beginnt etwa mit einem Sehwinkel von 30 Winkelminuten (das bedeutet in 4,5 m Prüfungsentfernung ca. 39 mm).

Die Überprüfung der Beziehungen zwischen dynamischer Parallaktoskopie und Stababstand am Parallaktoskopometer ist allerdings räumlich begrenzt. Es wurden Untersuchungsreihen mit 15 mm, 30 mm und 60 mm Abstand der Stäbe (Sehwinkel der Stabmittenabstände in 4,5 m Prüfungsentfernung 11′, 23′ und 46′) durchgeführt.

Die Signifikanzberechnung für alle Mittenabstände ergab keine signifikanten Unterschiede; die einstellbaren seitlichen Stabdistanzen der Testkonfiguration waren offensichtlich zu gering, als daß sich ein negativer Einfluß weiter Konturenabstände auf die Qualität der dynamischen Parallaktoskopie hätte auswirken können. Somit war es nicht möglich, den für das Parallaktoskopometer kritischen Stababstand zu ermitteln, bei dessen Überschreitung mit einer Verschlechterung der Prüfungsergebnisse gerechnet werden muß. Die am Parallaktoskopometer einstellbaren Stabmittenabstände befinden sich offensichtlich im optimalen Bereich.

Die Einwirkung unterschiedlicher Stabhöhen bei der Prüfung des dreidimensionalen Sehens ist selten ausführlich untersucht worden (s. Kap. 5.2.4.), vermutlich weil in einem praktikablen Bereich durch Verlängerung oder Verkürzung der Stäbe keine merkbaren Veränderungen in den Prüfungsresultaten eintreten. Arbeitsmedizinisch ist die Frage, welche Mindestlänge bzw. -größe ein Sehobjekt haben muß, um optimale visuelle Bedingungen für die räumliche Wahrnehmung zu schaffen, allerdings von nicht geringem Wert. Am Dreistäbetest zeigen sich bei sichtbaren Stabhöhen von 12 cm, 5 cm, 2 cm und 1 cm keine signifikanten Unterschiede der Bewegungsparallaktoskopie.

Unberührt von diesen Feststellungen bleiben indessen psychologische Aspekte: Bei Verkleinerung des Sehobjektes muß notwendigerweise die Aufmerksamkeitszuwendung des Probanden erhöht werden; es wird anstrengender, gleichgute Resultate bei sehr kurzen Stäben zu erzielen. Für den Zeitraum der Prüfung kann diese erhöhte Aufmerksamkeitsleistung von den meisten Personen mühelos erbracht werden; bei längerer Beanspruchung am Arbeitsplatz sind indessen Leistungsminderungen denkbar.

5.3.3. Tiefendistanz von 2 und 5 Stäben

Bei der dynamischen Parallaktoskopie haben 2 Stäbe im Vergleich zu 3 einige wesentliche Vorzüge (s. Kap. 5.2.5.). Die Herstellung eines derartigen Tests ist unkompliziert, weil genaue Abstandseinstellungen zwischen den einzelnen Stäben entbehrlich sind; die Prüfungsaufgabe ist einfach zu erklären und zu verstehen, und darüber hinaus ist sie sinnesphysiologisch auch elementarer, da sie auf weniger Konturen basiert (Abb. 3d).

Der verwendete Zweistäbetest war hinsichtlich Stababstand, sichtbarer Stabhöhe und Stabdicke wie der Dreistäbetest konstruiert (s. Kap. 3.2.2.). Für die Beurteilung der Prüfungsergebnisse ist es unbedeutend, ob der rechte oder der linke Stab hinten bzw. vorn steht, obwohl in dem einen Fall bei frontoparalleler Bewegung eine Annäherung der Stäbe, andernfalls aber ein Auseinanderweichen der Stäbe in Abhängigkeit von der Relativbewegung des Testobjektes zu beobachten ist. Bewegt sich der Test nach der Seite des hintenstehenden Stabes, dann kommt es zu der subjektiv sicherer zu erkennenden Annäherung beider Stäbe, was aber meßtechnisch nicht zu erfassen war.

Die gewonnenen statistischen Daten (n = 10) ergeben folgende Mittelwerte und Standardabweichungen der dynamischen Parallaktoskopie (in Winkelsekunden): Bei 2 Stäben 136″ ± 69″, bei 3 Stäben 60″ ± 25″. Mit 2 Stäben waren die Untersuchungsergebnisse mit einer Irrtumswahrscheinlichkeit von 5% schlechter als mit 3 Stäben, im Gegensatz zur dynamischen Stereo-Sehschärfe (s. Kap. 5.2.5.).

5 anstelle von 3 Stäben sind bei der Prüfung der Stereoskopie selten verwendet worden, und wenn, dann in der Absicht, die Schwelle der Raumwahrnehmung noch präziser ermitteln zu können. Hierbei lag die Vorstellung zugrunde, daß mehr Konturen zur Flankierung des verschiebbaren Mittelstabes die Beurteilung erleichtern würden (MEHLHOSE, 1975). DAVIDSON (1935) verlangte von seinen Probanden eine Angabe darüber, welcher der 5 unterschiedlich gestaffelten Stäbe am weitesten vorn bzw. hinten stehe.

Bei der Prüfung der dynamischen Parallaktoskopie erfordert die Verwendung von mehr als 3 Stäben zweifellos eine erhöhte Aufmerksamkeit vom Probanden, da er auf mehr Konturen zu achten hat und durch die Vielzahl der Konturen leicht verwirrt werden kann.

Zur Prüfung (n = 10) wurde von den 5 Stäben (Abb. 3c) der Mittelstab nach vorn oder hinten versetzt. Die Prüfung erbrachte im Vergleich zu den Ergebnissen des Dreistäbetests signifikant schlechtere Ergebnisse. Bei der dynamischen Parallaktoskopie wirken mehr als 3 Stäbe im Test somit erschwerend und nicht erleichternd.

5.3.4. Doppeldreieck-Test

Das Doppeldreieck (Abb. 3f) wurde von CORDS 1912 erstmalig angewendet in der Absicht, den Grad der Minderung der Erwerbsfähigkeit (des Körperschadens) zu ermitteln, der bei Verlust eines Auges eintritt. Die Basen der beiden spiegelbildlich übereinandergestellten gleichseitigen Dreiecke waren für den Patienten nicht sichtbar. Der Patient wurde aufgefordert, die Spitze des unteren Dreiecks genau unter die Spitze des oberen Dreiecks zu schieben (s. Kap. 2.3.2.). Dieser Apparat ist aus dem Experimentalstadium nicht herausgekommen; Reihenuntersuchungen und genaue Analysen mit ihm fehlen.

Für die Messung der Bewegungsparallaktoskopie am Parallaktoskopometer empfiehlt sich die Verwendung des Doppeldreiecks, weil das Erkennen dieser Testfigur im Gegensatz zu Stäben weitgehend sehschärfenunabhängig ist und somit insbesondere bei Bewegung eine sichere Beurteilung zuläßt; hinsichtlich der monokularen Bewegungsparallaxe sind die Einwände von BEST (1949) ohnehin irrelevant (s. Kap. 2.3.2.).

Zwischen den Prüfungsergebnissen mit dem Doppeldreieck und mit dem Dreistäbetest bestehen keine signifikanten Unterschiede; Mittelwerte und Standardabweichungen betragen mit dem Doppeldreieck 23 mm ± 14 mm

($n = 10$), die entsprechende Raumsehschärfe 91″ ± 58″; Mittelwerte und die Standardabweichungen beim Dreistäbetest betragen 20 mm ± 6 mm, die entsprechende Raumsehschärfe 81″ ± 23″.

Die Herstellung eines Tests zur Prüfung der dynamischen Parallaktoskopie mit dem Doppeldreieck ist wesentlich einfacher als beispielsweise die Herstellung einer Testkonfiguration mit 3, 4 oder 5 Stäben, so daß derjenige, der die dynamische Parallaktoskopie prüfen will, sich zu der einfachen Anordnung des Doppeldreiecks entschließen sollte. Er exkludiert damit einige Störfaktoren, die die Prüfungsresultate beeinflussen könnten, vor allem den Einfluß einer herabgesetzten Sehschärfe (s. Kap. 4.2.2. und 6.3.1.), und hat dennoch ein Äquivalent zum Dreistäbeapparat.

5.3.5. *Verschiedene Darbietungszeiten und Objektgeschwindigkeiten*

Der Einfluß der Länge der Darbietungsstrecke, der Objektgeschwindigkeit und der Darbietungszeit kann nicht isoliert voneinander geprüft werden, da die 3 Faktoren unter sich abhängig sind, charakterisiert durch die Formel $s = v \cdot t$ (s Darbietungsstrecke, v Objektgeschwindigkeit und t Darbietungszeit).

Am Parallaktoskopometer wurde die dynamische Raumsehschärfe bei einer *Darbietungsstrecke* von 10 cm, 20 cm, 40 cm und 80 cm geprüft. Als *Objektgeschwindigkeit* wurde 0,12 m/s, 0,25 m/s, 0,5 m/s und 1,0 m/s verwendet (≙ 1,6°/sec, 3,2°/sec, 6,3°/sec, 12,7°/sec, unter Annahme eines mittleren Prüfungsabstandes). Daraus ergeben sich Darbietungszeiten, die zwischen 6,4 sec und 0,1 sec liegen.

Bezüglich der Objektgeschwindigkeit war das Abhängigkeitsverhalten nicht voraussehbar. Die Geschwindigkeit der Objektbewegung hat auch einen maßgeblichen Einfluß auf die Schwelle der dynamischen Sehschärfe (s. Kap. 2.1.). Am Parallaktoskopometer können Bewegungen nur bis maximal 13°/sec (≙ 1 m/s ≙ 3,6 km/h) eingestellt werden. Es handelt sich dabei um Geschwindigkeiten, bei denen noch keine nennenswerte Herabsetzung der dynamischen Sehschärfe zu erwarten ist, zumal die Erkennbarkeit der verwendeten Stäbe wesentlich leichter als jene von Optotypen ist.

Die Untersuchungen ($n = 10$) ergeben mit einer Irrtumswahrscheinlichkeit von 5% eine signifikante Abhängigkeit der Raumsehschärfe von der Objektgeschwindigkeit insofern, als die Raumsehschärfe schlechter wird, die Raumsehschwelle also höher liegt, je schneller sich das Sehobjekt bewegt (Abb. 14).

Als Mindestgeschwindigkeit ist dabei die Schwelle der Erkennbarkeit einer Bewegung anzunehmen. Unterhalb dieser Mindestgeschwindigkeit ist eine Bewegungsparallaktoskopie undenkbar und ein räumliches Sehen nur auf Grund der Zeitparallaxe (auf der Basis des Sukzessivvergleiches zweier Positionen zu unterschiedlichen Zeiten) möglich. Als obere Geschwindigkeitsgrenze (wobei nicht die reale Objektgeschwindigkeit, sondern vielmehr die Winkelgeschwindigkeit der Relativbewegung zwischen Beobachter und Objekt zugrunde gelegt werden muß) ist diejenige Geschwindigkeit anzunehmen, bei welcher Augenfolgebewegungen nicht mehr sicher möglich sind bzw. die Abnahme der dynamischen Sehschärfe das Erkennen des Objektes nicht mehr zuläßt.

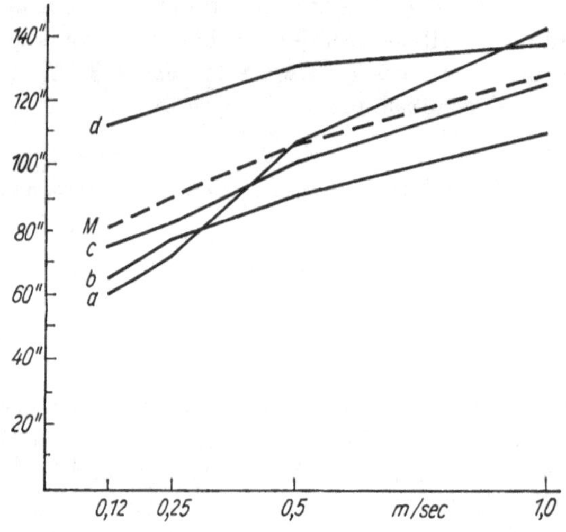

Abb. 14. Abhängigkeit der Schwelle der Bewegungsparallaktoskopie von der Objektgeschwindigkeit bei verschiedenen Darbietungsstrecken. a 100 mm; b 200 mm; c 400 mm; d 800 mm; M Mittelwerte von a—d. Abszisse: Objektgeschwindigkeit in m/s. Ordinate: Bewegungsparallaktische Raumsehschärfe in Winkelsekunden (n = 10).

Bei der mathematischen Analyse des Abhängigkeitsverhaltens der *Darbietungszeit* von der Raumsehschärfe (Abb. 15a) besteht statistisch keine Korrelation. Deutlich ist aber zu erkennen, daß es innerhalb des in der Untersuchungsreihe geprüften Bereiches eine *optimale* Darbietungszeit gibt. Das bewegungsparallaktische Raumsehen ist am leistungsfähigsten in einem Bereich von 0,5—2 s Beobachtungsdauer. Unter 0,4 s Darbietungszeit spielt die visuelle Reaktionszeit eine größer werdende Rolle, die schließlich zur Abnahme der Raumsehschärfe führt; oberhalb von 1,6 s kommt es zur allmählichen Verminderung der bewegungsparallaktischen Raumsehschärfe durch vermehrte Inanspruchnahme und Insuffizienzen des optischen Gedächtnisses. Längere Darbietungszeiten führen in einen Bereich, in dem die Zeitparallaxe dominiert.

Die Länge der *Beobachtungsstrecke* wirkt sich bei der jeweils optimalen Geschwindigkeit nur gering und sicherlich nur auf Grund des schon analysierten Einflusses der Geschwindigkeit auf die Raumsehschärfe aus (Abb. 15b). Je

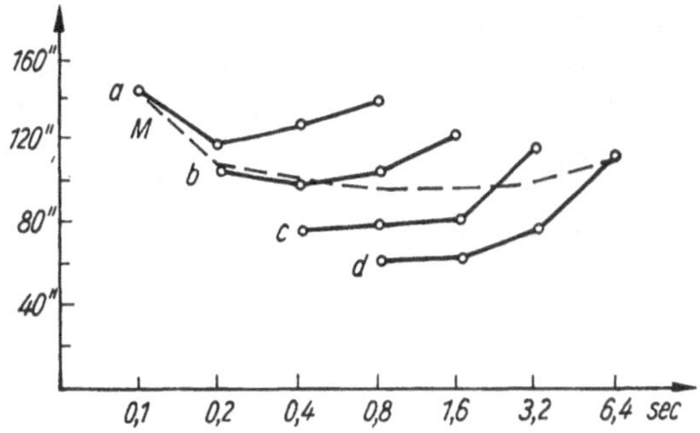

Abb. 15a. Abhängigkeit der Schwelle der Bewegungsparallaktoskopie von der Darbietungszeit bei Prüfung mit verschieden langen Darbietungsstrecken: a 100 mm; b 200 mm; c 400 mm; d 800 mm; M Mittelwerte von a—d. Abszisse: Darbietungszeit in sec. Ordinate: Bewegungsparallaktische Raumsehschärfe in Winkelsekunden (n = 10).

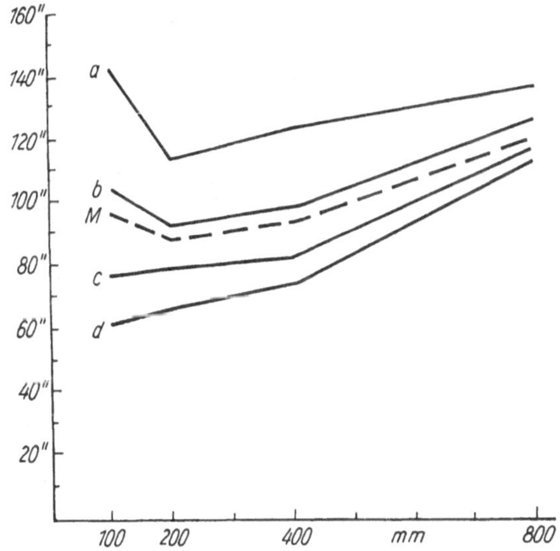

Abb. 15b. Abhängigkeit der bewegungsparallaktischen Raumsehschärfe von der Darbietungsstrecke bei verschiedenen Geschwindigkeiten: a 1 m/s; b 0,5 m/s; c 0,25 m/s; d 0,12 m/s; M Mittelwerte. Abszisse: Breite der Darbietungsstrecke in mm. Ordinate: Bewegungsparallaktische Raumsehschärfe in Winkelsekunden (n = 10).

höher aber die Objektgeschwindigkeit ist, um so größer ist auch die in der optimalen Beobachtungszeit durchlaufene Beobachtungsstrecke und der Beobachtungswinkel. Hierin liegt der entscheidende Vorteil im Vergleich zur Stereoskopie: Während die Basis der Stereoskopie durch den Augenabstand fixiert ist und nur durch aufwendige optische Geräte in geringem Maße vergrößert werden kann, ist bei der Bewegungsparallaktoskopie die bewegungsparallaktische Basis (der Beobachtungswinkel) frei wählbar. Dadurch sind schon bei Geschwindigkeiten von 6 m/s in einer Entfernung von 5 m mittels der Bewegungsparallaktoskopie kleinere Tiefendifferenzen zu erkennen, als dies mit der dynamischen Stereoskopie möglich wäre.

5.3.6. *Verschiedene Bewegungsrichtungen*

Ein maßgeblicher Vorteil der dynamischen Parallaktoskopie gegenüber der dynamischen Stereoskopie ist neben der monokularen Sehweise die Möglichkeit, Disparationen auch schräger und vertikaler Strukturen für die Orientierung im Raum zu nutzen, d. h. jede Art einer gleichförmigen Bewegung erzeugt visuell auf der Basis der Bewegungsparallaxe einen Raumeindruck. Da erwiesen ist, daß die Präzision von Augenfolgebewegungen nicht nur geschwindigkeitsabhängig, sondern auch richtungsabhängig ist, wurden die parallaktoskopischen Schwellen bei passiven Bewegungen (Objektbewegungen mit Folgebewegungen des Auges) in verschiedenen Richtungen (horizontal, vertikal, schräg) miteinander verglichen (n = 10).

Die Untersuchungsbedingungen waren in allen Bewegungsrichtungen gleich. Die Stäbe standen stets senkrecht zur Bewegungsrichtung. Durch die Steuereinrichtung mit der automatischen Umschaltung auf andere Leistungsstufen war auch im vertikalen Betrieb eine konstante Geschwindigkeit in beiden Richtungen gewährleistet (s. Kap. 3.2.1.). Dabei ergab sich ein signifikanter Unterschied zwischen der horizontalen Bewegungsrichtung einerseits und der

Tabelle 6a

Untersuchungsergebnisse am Parallaktoskopometer bei verschiedenen Bewegungsrichtungen ($n = 10$)

Bewegungsrichtung	Mittelwerte	
	in mm	in Winkelsekunden
horizontal	16 ± 6	$64'' \pm 26''$
schräg (45°)	26 ± 12	$103'' \pm 46''$
vertikal	24 ± 11	$98'' \pm 44''$

vertikalen bzw. der schrägen Bewegungsrichtung andererseits. Zwischen vertikaler und schräger Bewegung konnte kein Unterschied nachgewiesen werden. Die statistischen Daten der Untersuchung zeigt Tabelle 6a.

Die Ergebnisse bei nichthorizontalen Bewegungen sind allerdings nur geringfügig schlechter als bei horizontalen. Die an sich geringe Differenz ist wohl hauptsächlich Folge der unzureichenden, gegenüber der horizontalen Bewegung zumindest benachteiligten Okulomotorik.

6. DAS DYNAMISCHE RAUMSEHEN UNTER VERÄNDERTEN WAHRNEHMUNGSBEDINGUNGEN

Zusammenfassung: Um sowohl bei der dynamischen (dyn.) Stereo-Sehschärfe als auch bei der dyn. Parallaktoskopie den Einfluß von exogenen Faktoren zu ermitteln, wurden in verschiedenen Untersuchungsreihen 10—13 Personen mit unauffälligem Augenbefund kurzzeitig artifiziell belastet. Für die dyn. Stereoskopie ergeben sich dabei folgende Resultate: Durch beidseitige experimentell mittels Folien herabgesetzte Sehschärfe kommt es zu einer auffallend geringen Beeinträchtigung der dyn. Stereo-Sehschärfe, gute Erkennbarkeit des Tests vorausgesetzt. Bei einseitiger artifizieller Herabsetzung der Sehschärfe wird die dyn. Stereo-Sehschärfe signifikant stärker beeinträchtigt als bei beidseitiger. Bei Herabsetzung der Leuchtdichte nimmt die dyn. Stereo-Sehschärfe relativ langsam ab; noch bei 0,15 cd/m^2 war grobe dyn. Stereoskopie nachweisbar. Einseitiges Vorsetzen eines lichtabsorbierenden Glases (75% Lichtabsorption) führte bei der Mehrzahl der Personen zu einer subjektiven, aber nicht meßbaren Verbesserung der Plastizität des Seheindruckes. Eine artifizielle Anisometropie hat eine relativ starke Beeinträchtigung der dyn. Stereo-Sehschärfe zur Folge. — Für die dyn. Parallaktoskopie wurde folgendes gefunden: Bei einer Herabsetzung der Sehschärfe sinkt die dyn. Raumsehschärfe erst bei einem Visus von V = 0,1 signifikant ab, verbessert sich aber wesentlich, sofern die Testgeschwindigkeit gedrosselt wird. Bei Herabsetzung der Leuchtdichte nimmt die dyn. Parallaktoskopie relativ spät ab, deutlich erst bei einer Leuchtdichte von 0,3 cd/m^2; aber auch noch bei 0,06 cd/m^2 besteht eine dyn. Parallaktoskopie, die für eine räumliche Orientierung von Bedeutung ist.

6. The Dynamic Three-dimensional Vision under Changed Conditions of Perception

Summary: In order to state the influence of exogenic factors both in the dynamic stereoscopic visual acuity and in the dynamic parallactoscopy in various examination series 10—13 persons without pathological eye findings were artificially stressed for a short time. Hereby the following results were found for the dynamic stereoscopy: by the visual acuity reduced bilaterally in experiments by means of screens a conspicuously slight impairment of the dynamic stereoscopic visual acuity occurs, if there is only a good recognizability of the test object. When there is a unilateral artificial reduction of the visual acuity the dynamic stereoscopic visual acuity is significantly more impaired than with a bilateral one. The light density being reduced, the dynamic stereoscopic visual acuity relatively slowly decreases; yet at 0.15 cd/m^2 the coarse dynamic stereoscopy could be proved. Unilateral placing of a light-absorbing glass (75% light absorption) in the majority of the persons led to a subjective, but not measurable amelioration of the plasticity of the visual impression. An artificial anisometropy has as its sequel a relatively large impairment of the dynamic stereoscopic visual acuity. — For the dynamic parallactoscopy the following was found: when the visual acuity is reduced, the dynamic three-dimensional visual acuity significantly decreases only at a vision of V = 0.1, but essentially improves, in case the test speed is chocked. When the light density is reduced the dynamic parallactoscopy relatively late decreases, distinctly only at a light density of 0.3 cd/m²; but still at 0.06 cd/m² a dynamic parallactoscopy is existing, which is of importance for a spatial orientation.

6.1. Einleitende Bemerkungen

Es liegt nahe, anzunehmen, daß sich jede Art von Minderung bzw. Erschwerung der visuellen Wahrnehmung negativ auf die dynamische Raumsehschärfe auswirkt. Auch die Präzision und Promptheit der Assoziationen im Zentralnervensystem können betroffen sein. Es galt, das Ausmaß dieser Beeinflußbarkeit sowie die Faktoren, die dabei eine wesentliche Rolle spielen, zu ermitteln, um weitere Aufschlüsse über die Struktur des dynamischen räumlichen Sehens und deren Wertigkeit für arbeitsmedizinische Probleme zu erhalten.

Das, was in den nachstehend beschriebenen Versuchsreihen analysiert wird, ist nicht von nur theoretischer Bedeutung, sondern kann auch quantitative Maßstäbe setzen. Wie bei den meisten derartigen Laboruntersuchungen wurden die Sehbehinderungen artifiziell gesetzt. Dies hat einerseits den Vorzug, daß ein ansonsten intaktes Wahrnehmungssystem lediglich einen einzigen neuaufgetauchten Störfaktor gegebenenfalls unter Ausschöpfung unbekannter Reserven zu kompensieren braucht, wenngleich dabei eine länger andauernde Belastung und die Entstehung eines asthenopischen Syndroms relativ leicht vermeidbar ist. Andererseits aber sind artifizielle Zustände stets fremdartig und ungewohnt. Vermutlich werden die einzelnen Testpersonen in sehr differenter Weise mit ihnen fertig, und auch eine wie auch immer geartete Kompensation gelingt individuell sehr unterschiedlich. Darüber hinaus müssen alle Versuchsreihen von einem Zustand ausgehen, der bei der augenärztlichen Voruntersuchung als „Normalleistung" gewertet wird, aber durchaus nicht das Maximum der Leistungsfähigkeit einer Person darstellt.

Bei natürlichem Sehen im praktischen Leben spielt der Faktor der Anpassung an jede Form von Wahrnehmungsstörungen eine ausschlaggebende Rolle. Entsteht im Verlauf des Lebens eine Sehbehinderung, dann müssen immerhin Monate, zumindest aber Wochen für die Anpassung an den neuen Status angesetzt werden. In diesem Anpassungs- und Angewöhnungsprozeß kommt es ähnlich wie beim Übungs- und Trainingseffekt anfänglich zu einem raschen, relativ steilen Leistungsanstieg (van BEUNINGEN, 1949), der nur kurze Zeit, z. B. nach Eintritt einer Einäugigkeit, einige Tage bzw. Wochen dauert. In der darauffolgenden Phase verläuft der Leistungsanstieg langsamer, bringt aber ebenfalls noch bemerkenswerte Verbesserungen. Auf sie möchte beispielsweise die Verkehrsmedizin nicht verzichten, ehe sie einer Wiederzulassung einäugig gewordener Personen zum motorisierten Straßenverkehr zustimmt. Der neue Sehfehler wird allmählich, wenn auch zumeist nie vollständig in die Assoziationssysteme der visuellen Wahrnehmung integriert. Oft genug geschieht das aber höchst unbefriedigend.

Ist die Sehbehinderung angeboren oder wurde sie bereits im frühen Kindesalter erworben, dann übt sie auf die Entwicklung und Ausbildung der noch nicht ausgereiften Visusensorik einen nachhaltigen, oft genug irreparablen negativen Einfluß aus. Die Synapsen der Sehrinde sowie deren Verbindungen zu anderen Hirnarealen können sich nicht normal entwickeln, weil die entsprechenden Stimuli fehlen, und bleiben mehr oder weniger nur Rudimente. Demgegenüber setzt aber bei einigen Störungen auch eine Entwicklung ein, die eine vollkommene Kompensation der Anomalie mit sich bringt, z. B. bei Heterophorien, deren Existenz als Basis neuer Schaltsysteme in den optosensorischen Apparat eingegliedert wird (SCHOBER, 1976).

Der Vorwurf, daß artifiziell gesetzte Behinderungen des Sehprozesses an augengesunden Personen den realen Verhältnissen hinsichtlich der schon länger bestehenden Sehfehler nicht entsprechen, ist naheliegend und wird in den meisten Fällen auch zutreffend sein. Das Experiment hat aber den unschätzbaren Vorteil, daß es auf etwa gleichartigen Ausgangssituationen basiert. Jedenfalls entfernen sich die nachstehend geschilderten experimentellen Untersuchungen nicht weiter oder nicht einmal so weit von den realen Verhältnissen, wie das auch bei vielen Tierversuchen der Fall ist. Ohnehin können nur Trends und die Richtung des Wirkungseffektes aufgezeigt werden. Relative Beurteilungsmaßstäbe liefern experimentelle Untersuchungen zur Genüge, und darin liegt ihr spezieller Wert. Außerdem zeigt das Experiment überraschend oft, daß zwischen der artifiziell geschaffenen Situation und dem natürlichen Sehen die Unterschiede so groß nicht sind.

Den artifiziellen Störfaktoren des dynamischen Raumsehens kommt auch insofern eine Bedeutung zu, als Gelegenheiten für vergleichbare Zustände unter natürlichen Sehbedingungen nicht selten sind, beispielsweise durch reduzierte Beleuchtung, Blendung, Sichtbehinderung infolge von Nebel oder regennassen bzw. verschmierten Windschutzscheiben, Pseudoheterophorien auf Grund dezentrierter Brillengläser, artifizielle Refraktionsanomalien als Folge falscher Brillenwerte u. a. m. Bei der Berufstätigkeit sind diese Zustände infolge der geltenden Arbeitsschutz- und Tauglichkeitsbestimmungen allerdings seltener. Durch solche passagere Störfaktoren kann eine für die gewohnten Sehbedingungen durchaus noch ausreichende dynamische Raumsehschärfe defizient werden.

Binokulare Funktionen sind phylogenetisch relativ jung. Daher ist die Einwirkung von Noxen speziell auf das dynamische stereoskopische Sehen wesentlich vehementer als beispielsweise auf die elementare phylogenetisch sehr alte Licht- oder Farbwahrnehmung und auf die Sehschärfe.

Die nachstehend beschriebenen Untersuchungen sollen das Spektrum der Einwirkungsmöglichkeiten und die Wirksamkeit einzelner Faktoren analysieren.

6.2. Die dynamische Stereo-Sehschärfe

6.2.1. Beidseitige Herabsetzung der Sehschärfe

Die Angaben über die Häufigkeit beidseitig herabgesetzter Sehschärfe in der Population schwanken in den einzelnen Statistiken erheblich. Die Alterszusammensetzung der Untersuchten ist dabei von entscheidender Bedeutung: Eine Sehschwäche von unter 0,2 kommt in Mitteleuropa im 45. Lebensjahr ungefähr bei 0,1%, im 50. Lebensjahr bei 0,2%, im 60. Lebensjahr bei 5% aller Menschen vor (R. SACHSENWEGER, 1972).

Nach LINSCHOTEN (1956) ist der Einfluß der Sehschärfe auf die *statische* Stereo-Sehschärfe erheblich. Van BEUNINGEN (1948), HABERKORN (1965) sowie LEVY und GLICK (1974) stellten einen nahezu linearen Zusammenhang zwischen herabgesetzter Sehschärfe und vermindertem stereoskopischen Sehen fest. Bei einem Visus von 0,1 soll im allgemeinen das Stereosehen sistieren (COLENBRANDER, 1948). HEINSIUS (1944) sah eine gute statische Stereo-Sehschärfe nur bis zu einem Visus von 6/6 auf beiden Augen. LORENZ (1943) lehnt bei mittleren Sehschärfewerten einen engeren Zusammenhang zwischen Sehschärfe und Tiefensehschärfe ab. Nach SCHNEIDER (1981) nimmt bei beidseitig Aphaken die Stereo-Sehschärfe mit der Sehschärfe des schlechteren Auges ab. Alle diese Angaben basieren allerdings oft auf Messungen mit Methoden, bei denen zu kleine Prüfungsdetails das Zustandekommen einer Stereoskopie verhindern. Nach LANG (1982) bestehen sogar noch bei hochgradiger Sehschwäche Rudimente von Stereoskopie, sofern mit großen Sehobjekten geprüft wird.

Die artifizielle beidseitige Herabsetzung der Sehschärfe geschah im Folgenden mit BANGERTER-Sichtfolien auf V = 0,6, V = 0,4, V = 0,25 und V = 0,1. Sichtfolien nehmen keinerlei Einfluß auf Akkommodation und Refraktion. Ihre Wirksamkeit schwankt allerdings wegen technischer Unregelmäßigkeiten in nicht unerheblichem Umfange; daher wurden alle Folien vor der Verwendung auf ihren visusmindernden Effekt hin kontrolliert. Die Breite der Stäbe des Vierstäbetests betrug für diese Versuchsreihen 7,2 mm, um auch herabgesetzten Sehschärfen gerecht zu werden.

Das Ergebnis der Untersuchungen der dynamischen Stereo-Sehschärfe an 13 normalsichtigen Testpersonen zeigt Abbildung 16. Die dynamische Stereo-Sehschärfe nimmt etwa in dem Maße ab, in dem die Sehschärfe beider Augen reduziert wird, allerdings in bemerkenswert geringerem Umfange. Zwischen den Kurven für eine beidseitige Visusreduktion auf V = 0,6, V = 0,4 und V = 0,25 besteht jeweils ein signifikanter Unterschied. Bei einer Visusreduktion auf V = 0,1 hatten nur noch 8 von 13 Probanden einen Tiefeneindruck von 150 mm und nur 4 von 13 Probanden einen Tiefeneindruck von 60 mm. Im allgemeinen erbrachten diejenigen Personen, die über eine ausgezeichnete statische Stereo-Sehschärfe verfügten, auch mit Sichtfolien überdurchschnittliche Leistungen beim dynamischen stereoskopischen Sehen.

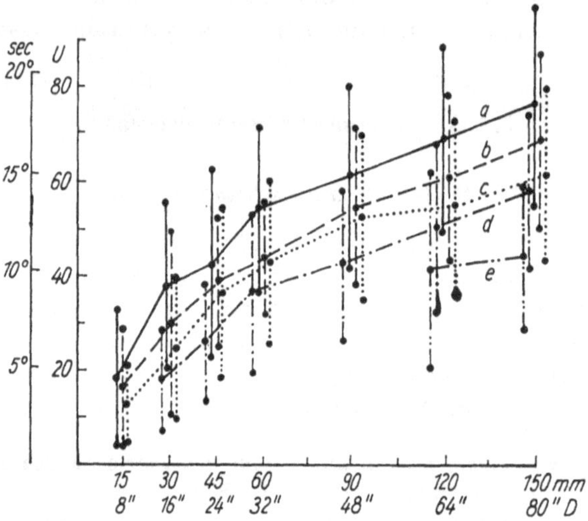

Abb. 16. Mittelwerte und Standardabweichung der dynamischen Stereo-Sehschärfe (n = 13) bei artifizieller Herabsetzung der Sehschärfe *beider* Augen mittels Sichtfolien. a ohne Sichtfolien; b bei Herabsetzung der Sehschärfe auf 0,6; c auf 0,4; d auf 0,25; e auf 0,1. Abszisse: Tiefenabstand der Stäbe in mm und als Querdisparationswinkel. Ordinate: Zahl der Umdrehungen pro Minute und der Wegstrecke in Grad pro Sekunde.

Die relativ geringe Reduzierung der dynamischen Stereo-Sehschärfe nach artifizieller Herabsetzung des Visus beider Augen ist bemerkenswert. Allerdings waren die zu beurteilenden Stäbe der Testfigur auch bei schlechter Sehschärfe mühelos zu erkennen; bei dünnen Stäben würde mit zunehmender Geschwindigkeit die Stereo-Sehschärfe bei Reduzierung des Visus schneller absinken.

Die relativ geringe Beeinflussung der Leistung der dynamischen Stereo-

Sehschärfe bei Herabsetzung des Visus beider Augen wird besonders dann auffällig, wenn man folgenden Vergleich anstellt: Wird die Sehschärfe von 1,0 auf 0,1, also von 100% auf 10% gesenkt, dann fällt dabei die dynamische Stereo-Sehschärfe nur auf etwa die Hälfte ab; bei einer Visusreduktion auf 0,25 wird die dynamische Stereo-Sehschärfe nur um etwa ein Viertel gegenüber der normalen Leistung schlechter. Immerhin kommt die dynamische Stereo-Sehschärfe bei einigen Probanden bereits durch geringe Visusreduktion vollkommen zum Erliegen.

Dieses Resultat ist den Untersuchungsergebnissen von HELVESTON und v. NOORDEN (1967), LANG (1982) und ROGGENKÄMPER (1983) ähnlich, die übereinstimmend feststellten, daß die Stereo-Sehschärfe bei ruhenden Objekten auch bei herabgesetztem Visus erstaunlich gut sein kann. Zwischen Sehschärfe und Tiefensehschärfe gibt es offensichtlich bei guter Erkennbarkeit des Testobjektes nur lockere Beziehungen, weil die Sehschärfe auf dem retinalen Auflösungsvermögen des Auges beruht, die Stereoskopie aber auf einem Funktionssystem in der Sehrinde, das zumeist auf der Wahrnehmung der gesamten Testfigur basiert.

Eine lang anhaltende Sehschwäche im Kindesalter führt oft zu einer Stereo-Amblyopie, bei der die Stereo-Sehleistungen deutlich schlechter sind als jene bei artifizieller Herabsetzung des Visus. Bei Personen hingegen, deren Sehschärfe sich erst vor kurzer Zeit verschlechtert hat, haben die pathologischen Veränderungen den gleichen Effekt wie bei artifiziellen Erschwerungen.

Praktische Beispiele für beidseits artifiziell herabgesetzte Sehschärfe gibt es besonders im Straßenverkehr zur Genüge, z. B. durch Verkratzung oder Verschmutzung der Schutzbrille bei Motorradfahrern, durch Opaleszenz und störende Reflexionen bei Regen, verschmierte oder vereiste Frontscheiben bei Autofahrern, u. a. m. In besonderen 4 Versuchsreihen ($n = 10$) wurden artifizielle Myopien und Hyperopien bis $\pm 2,0$ dpt sowie Astigmatismen bis cyl $\pm 6,0$ gesetzt. Dabei zeigte sich, daß die dynamische Stereo-Sehschärfe in Parallele zu der durch die Refraktionsanomalien verursachte Sehschärfenreduzierung in Mitleidenschaft gezogen wird.

6.2.2. Einseitige Herabsetzung der Sehschärfe

Wesentlich frequenter als die beidseitige Herabsetzung der Sehschärfe ist die Sehminderung auf nur einem Auge. Über deren Häufigkeit in der Bevölkerung sind noch nicht einmal ungefähre Daten zu erhalten. In Mitteleuropa kann die Zahl der nur einseitig Sehbehinderten mit einem Visus schlechter als 0,3 auf 20% der Population, mit einem Visus schlechter als 0,1 auf 10% geschätzt werden, einschließlich älterer Menschen. Wenn man die Ergebnisse der Musterungs- und Schuluntersuchungen zugrunde legt, sind es allerdings bedeutend weniger. Nicht selten wird die Insuffizienz erst dann dem Betroffenen bewußt, wenn er einen Beruf ergreifen will, für den ein intaktes Sehvermögen *beider* Augen Voraussetzung ist. Einen wichtigen kausalen Faktor stellt dabei Strabismus und Schielamblyopie dar.

Über die Beeinflussung des *statischen* stereoskopischen Sehens durch eine einseitige Herabsetzung der Sehschärfe gibt es nur einige wenige Mitteilungen, die sich oft nur auf einen kleinen Patientenkreis beziehen. JOFE (1937) hat festgestellt, daß die statische Stereo-Sehschärfe von der Differenz der Sehschärfe beider Augen abhängig ist, Normalsichtigkeit auf einem Auge voraus-

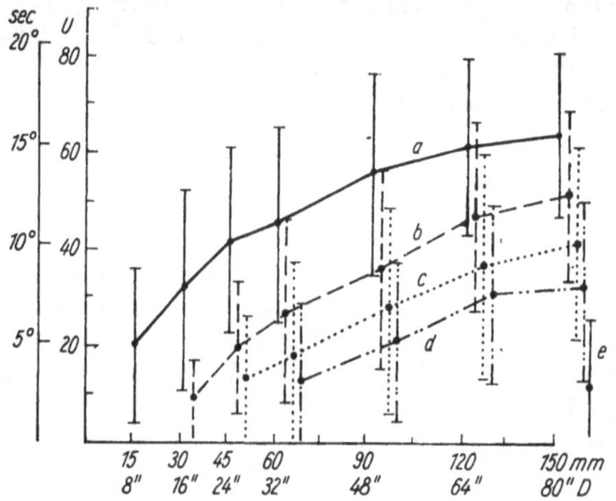

Abb. 17. Mittelwerte und Standardabweichung der dynamischen Stereo-Sehschärfe (n = 10) nach *einseitiger* artifizieller Visusherabsetzung des re. Auges mittels Sichtfolien. Abszisse: Tiefenabstand der Stäbe in mm und als Querdisparationswinkel. Ordinate: Zahl der Umdrehungen pro Minute und der Wegstrecke in Grad pro Sekunde. a ohne Sichtfolien; b Visus 0,6; c Visus 0,4; d Visus 0,25; e Visus 0,1.

gesetzt, und daß die Stereo-Sehschärfe normal sei, wenn die Sehschärfe des schlechteren Auges nicht unter einem Wert von 0,4 abgesunken ist. Nach BEST (1949) besteht indessen unter statischen Bedingungen eine Parallelität zwischen der Herabsetzung von Stereo-Sehschärfe und dem Visus des schlechteren Auges. Bei einem einseitigen Visus von 0,1 soll nach COLENBRANDER (1948) eine statische Stereo-Sehschärfe nicht mehr feststellbar sein. HEINSIUS (1964) sah bereits bei einer einseitigen Sehschärfenherabsetznng unter 1,0 eine Minderung der statischen Stereo-Sehschärfe.

Für die folgende Untersuchungsreihe mit artifizieller einseitiger Herabsetzung des Sehvermögens wurde der gleiche methodische Weg wie bei der beidseitigen Visusherabsetzung gewählt. Das linke Auge blieb normalsichtig.

Die Prüfungsresultate (Abb. 17) zeigen, daß eine einseitige artifizielle Visusherabsetzung auffallenderweise die dynamische Stereo-Sehschärfe deutlich stärker in Mitleidenschaft zieht als eine beidseitige Herabsetzung. Abbildung 18 bringt als Beispiel hierfür die durchschnittliche dynamische Stereo-Sehschärfe für eine beidseitige und einseitige Visusherabsetzung auf 0,6, 0,4 und 0,25. Der Unterschied ist signifikant. Die Differenzen zwischen beiden sind bei niedrigen Geschwindigkeiten ausgeprägter als bei hohen.

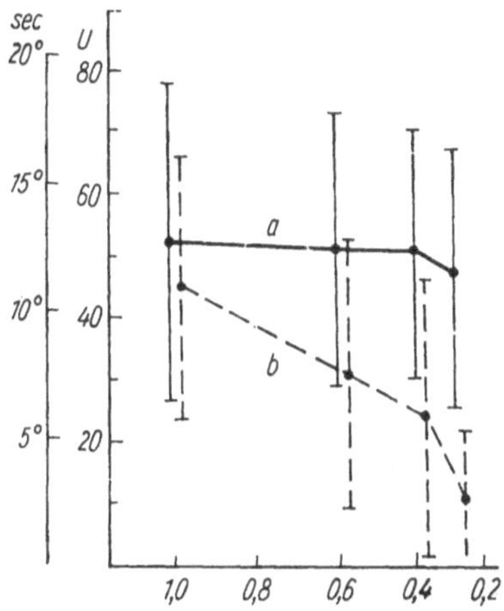

Abb. 18. Mittelwerte und Standardabweichung der dynamischen Stereo-Sehschärfe ($n = 10$) bei beidseitiger (a) und einseitiger (b) Sehschärfenherabsetzung mittels Sichtfolie. Abszisse: Sehschärfe in Dezimalen. Ordinate: Zahl der Umdrehungen pro Minute und der Wegstrecke in Grad pro Sekunde.

Untersuchungen über die optosensorische Leistung bei einer nur einseitigen Herabsetzung der Sehschärfe sind ungleich wichtiger als bei beidseitiger Herabsetzung, da die Zahl der Betroffenen sehr viel höher ist und weil die Meinung, daß eine einseitige Visusherabsetzung keine nennenswerten Nachteile in der Leistungsbilanz des optischen Sinnesorgans mit sich bringt, weit verbreitet ist. Bei einseitiger Herabsetzung der Sehschärfe ist indessen die dynamische Stereo-Sehschärfe signifikant mehr beeinträchtigt als bei beidseitiger Herabsetzung. Offensichtlich sind für eine optimale Funktion die Leistungen der Binokularität auf beidseits gleichartige und auf quantitativ adäquate Informationen beider Augen angewiesen. Unter statischen Verhältnissen sind inadäquate Reize leichter und effektiver zu kompensieren; kommt jedoch ein Störfaktor hinzu, wie das bei der Beobachtung bewegter Objekte der Fall ist, dann wird die Insuffizienz spürbar.

Eine entscheidende Rolle spielt dabei die binokulare Fusion, wie bereits in früheren Untersuchungen (M. SACHSENWEGER, 1979) bewiesen werden konnte: Bei einseitiger Visusreduktion kommt es zu einer weit stärkeren Schwächung der Fusionsintensität als bei beidseitiger Visusreduktion. Zu gleichen Ergebnissen kam auch AUST (1978) bei seinen Untersuchungen der Fusionsbreite nach binokularer und monokularer Sehschärfenherabsetzung. Auch bei länger bestehender einseitiger Sehschärfenherabsetzung bestimmt das schlechtere Auge maßgeblich die Qualität der stereoskopischen Leistung (BEST, 1949). Daß die dynamische Stereo-Sehschärfe von einer einseitigen Herabsetzung der Sehschärfe stärker beeinträchtigt wird wie von einer beidseitigen, ist für die Tauglichkeiten in bestimmten Berufen wichtig.

6.2.3. Dämmerungssehbedingungen

Die Sehleistung unter den Bedingungen der Dämmerung ist nicht unwesentlich: Etwa 1/4 aller Verkehrsunfälle ereignen sich trotz geringer Verkehrsdichte in Dämmerung und Dunkelheit; 1/3 aller Unfälle geschehen bei künstlicher Beleuchtung, bei Unfällen mit Stürzen sind es sogar wesentlich mehr. Der Juni als Monat mit den längsten Tagen ist in vielen Statistiken am unfallärmsten, der Januar am unfallreichsten, wenn dafür auch andere Faktoren eine zusätzliche Rolle spielen dürften (AULHORN, 1976; BOCKELMANN, 1982). Durch die ständig zunehmende Motorisierung und die effektivere Auslastung der Transportmittel auf den Straßen ist es zwangsläufig in den letzten Jahren auch zu einer Vermehrung der Nachtfahrten gekommen. Zur Zeit ist die Schwere der Verkehrsunfälle bzw. die Zahl der tödlich Verunglückten nachts doppelt so hoch als am Tage, sofern die Verkehrsdichte zugrunde gelegt wird. Eine Analyse der Sichtbedingungen bei Nachtfahrten hat daher in letzter Zeit großes verkehrsmedizinisches Interesse gefunden. Die erschwerten Sehaufgaben unter Dämmerungsbedingungen sind durch eine ungewöhnliche Dynamik gekennzeichnet, weil sich dabei die Sehbedingungen beim Fahren auf der Straße laufend ändern (KRONESSER, 1981). Die Tauglichkeitsvorschriften für den Kraftwagenverkehr sind in den meisten Ländern hinsichtlich eines herabgesetzten Dämmerungs- und Nachtsehens aus guten Gründen relativ streng.

Bei herabgesetzter Leuchtdichte im Straßenverkehr interessiert auch die Frage, wie stark die dynamische Raumsehschärfe beeinflußt wird. Der Lichtkegel der Kraftwagenscheinwerfer ist exakt geradeaus gerichtet, die räumlich zu beurteilenden Sehobjekte liegen aber oft seitlich außerhalb des Scheinwerferlichtes, z. B. beim Fahren in Kurven, Einrücken in Parklücken, Zurückstoßen u. a. m. Bei guter nächtlicher Straßenbeleuchtung und heller Straßendecke bestehen Leuchtdichten zwischen 3 cd/m^2 und 0,3 cd/m^2 (1 cd/m^2

= 3,1416 asb), selten darunter. Auf nächtlichen Landstraßen bestehen im Lichtkegel der Scheinwerfer Leuchtdichten von 1 cd/m²—0,1 cd/m²; 50 m vom Autoscheinwerfer entfernt beträgt die Leuchtdichte nur noch etwa 0,1 cd/m²—0,01 cd/m². Beim Fahren in der Dunkelheit auf Landstraßen handelt es sich für den Kraftfahrer also, abgesehen von der Wegstrecke dicht vor dem Auto, um Bedingungen des mesopischen Sehens (AULHORN, 1976), das etwa von 0,3 cd/m² bis 0,003 cd/m² reicht.

Bei Vollmondlicht ohne zusätzliche künstliche Beleuchtung besteht eine Leuchtdichte von 0,1 cd/m²—0,03 cd/m², bei Neumond 0,01—0,003 cd/m², bei sternklarer Nacht 0,003—0,0003 cd/m². Leuchtdichtewerte von 0,003 cd/m² führen zum Beginn des PURKINJEschen Phänomens (Zentralskotom mit Verlust des Farbensehens) und zum KOHLRAUSCHschen Knick in der Adaptationskurve.

Im Berufsleben (abgesehen von Verkehrsberufen) dürfte die Bedeutung der dynamischen Raumsehschärfe unter Dämmerungssehbedingungen indessen nicht hoch zu veranschlagen sein, von Spezialberufen abgesehen, weil sich die beruflichen Tätigkeiten zumeist unter optimalen bzw. ausreichenden Beleuchtungsverhältnissen abspielen. Im privaten Leben sind die dynamischen Sehleistungen in der Dämmerung allerdings nicht unwichtig, da sich der Mensch recht oft in relativer Dunkelheit bewegen muß.

Die Qualität der Stereo-Sehschärfe unter Dämmerungsbedingungen hat bislang nur wenig Aufmerksamkeit auf sich gezogen; die Untersuchungen hierüber sind bemerkenswert spärlich und hinsichtlich der Angaben der verwendeten Leuchtdichten auch oft lückenhaft, wenn nicht sogar unzulänglich. Entsprechend unterschiedlich sind die mitgeteilten Ergebnisse. HEINSIUS (1964) erklärt dies mit technischen Schwierigkeiten.

Systematische Untersuchungen der *statischen* Stereo-Sehschärfe bei herabgesetzten Leuchtdichten (R. SACHSENWEGER, 1954) ergaben, daß die Stereo-Werte von 1 asb an steil abfallen, daß aber die Variation bei geringen Leuchtdichten größer wird. Diese interindividuelle Streubreite beruht zum größten Teil auf den Streubreiten der Adaptationskurven Normalsehender, die in ihrem Verlauf wie 1:5 differieren (PIPER, 1951). Nach FRUBÖSE und JAENSCH (1923) ist die Stereo-Sehschärfe bei mittlerer Tagesbeleuchtung schlechter als bei sehr heller künstlicher Beleuchtung. GLEES (1949) verglich das Raumsehen in der Dämmerung bei monokularer Beobachtung und bei Stereoskopie: Stereoskopisches Sehen brachte immerhin 18mal bessere Resultate und wäre somit für die räumliche Orientierung unter Dämmerungssehbedingungen recht bedeutungsvoll. Nach SCHUMANN (1959) hört stereoskopisches Sehen bei Beleuchtungsstärken von weniger als 1 Lux auf. Nach MONJÉ (1969) ist die statische Stereo-Sehschärfe bereits dann herabgesetzt, wenn noch eindeutiges foveales Sehen möglich ist.

Die *statische monokulare Sehschärfe* ist bei herabgesetzter Beleuchtung oft geprüft worden; sie verhält sich bei einer Umfeldleuchtdichte zwischen 100 asb und 10 asb nahezu normal (Visus etwa über 1,0). Bei 1 asb, also mit Beginn des Dämmerungssehens, sinkt sie auf etwa 0,7 und bei 0,1 asb auf etwa 0,3 ab; danach vollzieht sich der Abfall sehr steil (AULHORN, 1976).

Untersuchungen über die *monokulare dynamische Sehschärfe* speziell bei hohen Leuchtdichten liegen von HONEGGER und ALEXANDRIDIS (1970) vor. Sie prüften an einem Tübinger Projektionsperimeter mit einem rotierenden Prisma. Je höher die Adaptationsleuchtdichte (Hintergrundshelligkeit) war, um so geringer nahm die Sehschärfe für bewegte Objekte bei Erhöhung der Winkelgeschwindigkeiten der Optotypen ab.

Eine kombinierte Prüfung von Visus, Kontrast- und Blendungsempfindlichkeit ist im mesopischen Bereich für die Kraftfahreignung nicht unwichtig (SCHMIDT, 1976). Es galt zu ermitteln, ob in solche kombinierte Prüfungen in Einzelfällen auch die dynamische Stereo-Sehschärfe einbezogen werden sollte. Die Leuchtdichten des Testfeldes wurden stufenweise mittels eines vorgeschalteten Transformators herabgesetzt, und zwar auf 3,19 cd/m^2, 0,319 cd/m^2 und 0,032 cd/m^2. Der Untersuchungsraum war völlig abgedunkelt und wurde nur durch die Testfläche erhellt. Die Prüfung begann bei einer Leuchtdichte von 31,9 cd/m^2, bei der nach SCHOBER (1976) eine optimale Bedingung für die Visusprüfung nur noch bedingt vorliegt. Daraufhin wurde auf geringere Leuchtdichten übergegangen. Die Testperson hatte jeweilig etwa 10 Minuten Zeit, um sich an die neuen Sehbedingungen zu adaptieren.

Das Ergebnis der Prüfung zeigt Abbildung 19 im Vergleich zum Ergebnis der Reihenuntersuchung, die mit einer Leuchtdichte von 620 cd/m^2 durchgeführt worden war. Die interindividuelle Schwankungsbreite war bei geringen Leuchtdichten erheblich. Bei Herabsetzung der Leuchtdichte wird die dynamische Stereo-Sehschärfe langsamer insuffizient als zu erwarten. Bei einer Leuchtdichte von 0,03 cd/m^2 konnte allerdings bei keiner Versuchsperson mehr ein Meßwert erhalten werden; die ersten Angaben über ein grobes dynamisches Stereosehen erfolgten bei etwa 0,15 cd/m^2. Die Unterschiede zwischen den einzelnen Kurven waren mit einer Irrtumswahrscheinlichkeit zwischen 0,1% und 5% signifikant. Unmittelbare visusensorische Ursachen hierfür sind die unsichere Fixation und die verlangsamten und ausfahrenden Augenbewegungen in der Dämmerung bei der visuellen Verfolgung bewegter Objekte, wie das von HONEGGER und SCHÄFER (1964) auch bei ihren Untersuchungen der monokularen dynamischen Sehschärfe festgestellt worden ist. Die normalen Folge- und Korrekturbewegungen der Augen sind unter Dämmerungssehbedingungen weitgehend gestört bzw. gehemmt, der Festhaltereflex der Foveola ist erschwert, auch wenn unter statischen Verhältnissen noch eine durchaus ausreichende Reizintensität vorhanden sein kann. Nach

Piper (1951) steigt darüber hinaus die Zeit zum binokularen Fusionieren mit abnehmender Leuchtdichte kontinuierlich an. Aber auch die von der Leuchtdichte abhängige Herabsetzung der Sehschärfe, die Notwendigkeit zur Dunkeladaptation mit der obligatorischen Dunkelmydriasis, das beginnende zentrale Dämmerungsskotom, die Nachtmyopie u. a. m. kommen zur Einwirkung.

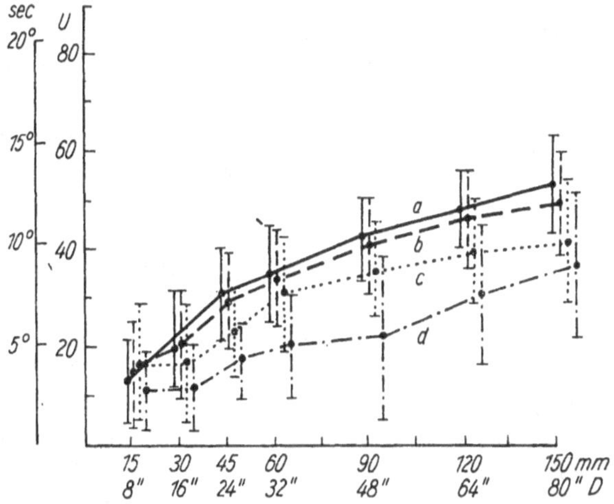

Abb. 19. Die dynamische Stereo-Sehschärfe mit Standardabweichung (n = 10) bei herabgesetzten Leuchtdichten. a bei 60 cd/m²; b bei 31,9 cd/m²; c bei 3,2 cd/m²; d bei 0,3 cd/m². Abszisse: Tiefenabstand der Stäbe in mm (1. Reihe) und als Querdisparationswinkel (D) in Winkelsekunden (2. Reihe). Ordinate: Zahl der Umdrehungen pro Minute (re. Kolumne) und Wegstrecke in Grad pro Sekunde (li. Kolumne).

Nicht weniger bedeutend ist der Ermüdungsfaktor, weil zwischen Dämmerungssehen und Ermüdung enge, tief im Psychischen verankerte Beziehungen bestehen.

Unter Dämmerungssehbedingungen sind in nicht wenigen Situationen die empirischen sekundären Faktoren der Tiefenwahrnehmung bei bewegten Objekten (Bewegungsparallaxe, Größenverhältnisse, Perspektive, Konturenüberschneidungen usw.) wichtiger als die Stereoskopie.

6.2.4. *Einseitige Lichtabsorption*

Die Frage, ob unter einem seitenverschiedenen Lichteinfall in beide Augen die dynamische Stereo-Sehschärfe leidet, ist keinesfalls so theoretisch, wie dies zunächst erscheinen mag. Es gibt nicht wenige Augenveränderungen, die einseitig den Einfall des Lichtes behindern, z. B. monokulare Hornhautnarben, Linsen- und Glaskörpertrübungen u. a. m. Diese Veränderungen setzen allerdings auch die Sehschärfe herab, und dieser Faktor dürfte dann für die Qualität der dynamischen Stereo-Sehschärfe entscheidend sein.

Praktisch wichtiger, nicht zuletzt auch für gutachterliche Beurteilungen, ist indessen in diesem Problemkreis ursächlich die unterschiedliche Pupillenweite (Anisokorie), die bedingt sein kann durch krankhafte zentrale Veränderungen, besonders beim ADIE-Syndrom, aber auch artifiziell verursacht wird durch einseitiges Eintropfen eines Mydriaticums aus diagnostischen oder therapeutischen Gründen bzw. eines Mioticums zur Therapie eines einseitigen Glaukoms. Eine Pupillenweite von 2 mm entspricht etwa der Wirkung eines starken Miotikums, 8 mm Pupillenweite der eines starken Mydriatikums. Der Lichteinfall bei einem Pupillardurchmesser von 8 mm ist mehr als 15mal größer als der bei einem Pupillardurchmesser von 2 mm.

Die Wirkung monokular vorgesetzter Lichtabsorptionsgläser hat schon andere Untersucher beschäftigt, mit erstaunlichen Ergebnissen. SCHAEFER und EBNER (1948) sahen dabei eine Verbesserung der statischen Stereo-Sehschärfe bis zu 45%, maximal mit Graugläsern von 75% Lichtabsorption. HABERKORN (1965) stellte nach einseitiger Lichtabsorption (80—90%) eine Verbesserung der statischen Stereo-Sehschärfe von 12—36% fest. Ähnliche Untersuchungen stammen von MONJÉ (1947), MÜNSTER (1942) und VERHOEFF (1933). Über gegenteilige Beobachtungen ist nicht berichtet worden.

Die Frage ist durchaus aktuell, ob es auch zu einer positiven Beeinträchtigung der dynamischen Stereo-Sehschärfe infolge einer einseitigen Pupillenerweiterung bzw. eines seitenunterschiedlichen Lichteinfalles kommen kann.

Der unterschiedliche Lichteinfall wurde durch Vorsetzen eines Glases (Heliosal) mit 75% Lichtabsorption vor das rechte Auge erreicht. Die dynamische Stereo-Sehschärfe schien dabei geringgradig verbessert zu sein; der Unterschied war aber nicht signifikant. Subjektiv wurden einseitige Lichtabsorptionsgläser von 8 der 10 Versuchspersonen als angenehm bzw. seherleichternd empfunden.

Die Erklärung für diese wenn auch nur subjektiv empfundene Verbesserung ist nicht einfach. Zunächst ist daran zu denken, daß hier etwas Ähnliches wie beim Pulfrichschen Phänomen vorliegen könnte, bei dem ebenfalls ein einseitig vorgesetztes Lichtabsorptionsglas auf Grund unterschiedlicher Leitungsgeschwindigkeiten in den beiden Sehbahnen infolge der differenten Helligkeitseinwirkung zu einer eindrucksvolleren Raumwahrnehmung führt.

Näher liegt aber die Annahme, daß der Wettstreit zwischen beiden Augen, der nach HAMBURGER (1952) nicht nur eine wesentliche Voraussetzung des Binokularsehens darstellt, sondern auch dessen Qualität mitbestimmt, durch eine seitenunterschiedliche Helligkeitsperzeption aktiviert wird. HABERKORN

(1967) sieht als Ursache für die Verbesserung der Tiefensehschärfe ungleiche Stimulationsenergien der beiden Netzhäute, optokinetische Einstellbewegungen oder unterschiedliche Impulsmuster in den Sehbahnen beider Augen.

6.2.5. Anisometropie

Schließt man auch niedrigere Anisometropien (= seitenunterschiedliche Ametropien) mit ein, dann gibt es nur wenig Menschen, die keine Anisometropie aufweisen. Auch über eine relative Emmetropie, d. h. über unterschiedliche Brechkraft der einzelnen brechenden Medien des Auges, die aber in der Summation eine Emmetropie ergeben, verfügen sehr viele Menschen, wenn man bedenkt, daß alle brechenden Medien des Auges stark und zum Teil unabhängig voneinander variieren. Jedenfalls wird nicht selten die Refraktionsanomalie des einen brechenden Mediums durch die des anderen kompensiert. Durch Skiaskopie meßbare Anisometropien finden sich je nach dem angelegten Maßstab und dem Alter bei 50 bis 80% der Menschen. Ursachen sind meistens Variationen in der Bulbuslänge. Zwischen Händigkeit und Anisometropien bestehen keine Zusammenhänge.

Die Sehweise der Anisometropen ist unterschiedlich. Höhere Anisometropien machen ein Binokularsehen unmöglich und bilden nicht selten sogar die Basis für eine einseitige Amblyopie.

Die Qualität der *statischen Stereo-Sehschärfe* bei geringen und mittleren Anisometropien richtet sich im allgemeinen nach der Sehschärfe des schlechteren Auges (Best, 1949; v. Beuningen, 1948; R. Sachsenweger, 1954). Die visuelle Belastung durch eine Anisometropie beruht vorwiegend auf dem beidseits unterschiedlichen Akkommodationsaufwand, zumal sich die Fähigkeit zu einer seitlich unterschiedlichen Akkommodation in engen Grenzen hält. Hinzu kommt aber auch die unterschiedliche prismatische Ablenkung nach seitenunterschiedlicher Brillenkorrektur, die zu einer Anisophorie führt. Anisophorien sind besonders beim Blick nach oben und unten, z. B. beim Lesen, spürbar, weil in diesen Blickrichtungen die Fusionsbreite gering ist. Neben der Anisophorie entsteht auch eine Aniseikonie, die je nach Konstitution und Alter toleriert wird.

Bei der hohen Frequenz der Anisometropien in der Bevölkerung war es von Interesse, zu prüfen, inwieweit die dynamische Stereo-Sehschärfe durch Anisometropien beeinflußt wird. Die Anisometropien wurden durch einseitige artifizielle Myopisierung bzw. Hyperopisierung mit +1,0 dpt, +2,0 dpt, +3,0 dpt, −1,0 dpt, −2,0 dpt und −3,0 dpt simuliert. Die Gläser wurden stets vor das rechte Auge gesetzt.

Das Ergebnis der Untersuchungen von 10 Versuchspersonen zeigen Abb. 20 und Abb. 21. Es ließ sich ein signifikanter Unterschied zwischen den Angaben der Versuchspersonen ohne und mit artifizieller Anisometropie von jeweilig +1,0 und −1,0 dpt nachweisen. Ein Vergleich der Ergebnisse der artifiziellen

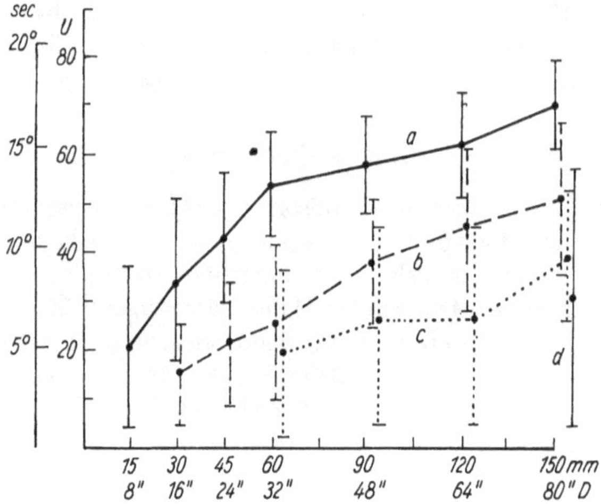

Abb. 20. Die dynamische Sehschärfe mit Standardabweichung (n = 10) bei artifizieller hyperoper Anisometropie (das linke Auge blieb emmetrop). a ohne Anisometropie; b mit −1,0 dpt vor dem re. Auge; c mit −2,0 dpt; d mit −3,0 dpt. Abszisse: Tiefenabstand der Stäbe in mm (1. Reihe) und als Querdisparationswinkel (2. Reihe). Ordinate: Zahl der Umdrehungen pro Minute (re.) und der Wegstrecke in Grad pro Sekunde (li.).

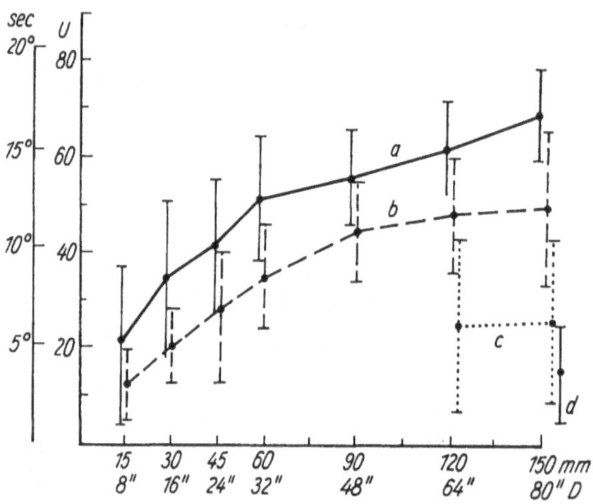

Abb. 21. Die dynamische Stereo-Sehschärfe mit Standardabweichung (n = 10) bei artifizieller myoper Anisometropie (das linke Auge blieb emmetrop). a ohne Anisometropie; b mit +1,0 dpt; c mit +2,0 dpt; d mit +3,0 dpt. Abszisse: Tiefenabstand der Stäbe in mm (1. Reihe) und als Querdisparationswinkel (2. Reihe). Ordinate: Zahl der Umdrehungen pro Minute (re.) und der Wegstrecke in Grad pro Sekunde (li.).

myopischen Anisometropie mit +1,0 dpt einerseits und hyperopischen Anisometropie mit −1,0 dpt andererseits zeigte hingegen keinen signifikanten Unterschied. Bei den myopischen und hyperopischen Anisometropien von ±2,0 dpt standen zu wenig Wertepaare für eine statistische Signifikanzberechnung zur Verfügung, da nur noch 5 der 10 Versuchspersonen bei dieser Größenordnung der artifiziellen Anisometropien selbst bei großen Querdisparationen eine meßbare dynamische Stereo-Sehschärfe aufwiesen, so daß auch die graphische Darstellung unvollständig bleiben mußte.

Diese Untersuchungen beweisen eine erhebliche Störung der dynamischen Stereo-Sehschärfe bei Anisometropien, die relativ unabhängig von der erreichten Sehschärfe eintritt: Bei 2 von 10 Probanden kam beispielsweise bereits beim einseitigen Vorsatz von −1,0 dpt das dynamische Tiefensehen zum Erliegen, obwohl der Visus dabei nur unbeträchtlich reduziert wurde und theoretisch leicht ein Ausgleich durch verstärkte Akkommodation möglich gewesen wäre.

Nach van Beuningen (1948) und R. Sachsenweger (1954) können bereits Unterschiede von 0,5 dpt Brechkraft die *statischen* Stereo-Sehleistungen beeinflussen. Nach Best (1949) wird bereits bei einer artifiziellen Anisometropie von 2 dpt die Tendenz erkennbar, das Stereo-Sehen zugunsten einer mühelosen monokularen Sehweise aufzugeben, d. h. zur monokularen Suppression überzugehen. Bei angeborenen Anisometropien besteht aber bis zu 6 dpt zuweilen noch eine meßbare Stereo-Sehschärfe, sofern nicht Schielen eingetreten ist.

Speziell die dynamische Stereo-Sehschärfe wird offensichtlich selbst durch mittlere und niedrige experimentell gesetzte Anisometropien erheblich beeinflußt. Die Ursache hierfür ist in Schwierigkeiten zu suchen, die durch die Akkommodationsasymmetrie beider Augen entstehen (Siebeck, 1955). Der Akkommodationszustand beider Augen ist eng gekoppelt; bei plötzlicher artifizieller Anisometropie kommt es zu einer so massiven Irritation des akkommodativen Verhaltens, daß darunter die sensibleren Funktionen des Binokularsehens, zu denen auch die Stereoskopie gehört, in Mitleidenschaft gezogen werden. Selbst unter natürlichen Verhältnissen können unkorrigierte Anisometropien, auch solche mit sehr geringen Refraktionsdifferenzen, aber auch ungewohnte Korrekturen einer natürlichen Anisometropie zu heftigen asthenopischen Beschwerden führen. Bei längerem Bestehen wird allerdings eine Anisometropie zumeist in den Regelkreis der Akkommodation völlig integriert und bereitet dann keine Beschwerden mehr bzw. nur noch bei extremen Belastungen; eine Vollkorrektur der Anisometropie wird dann als Störfaktor empfunden, auf den die binokularen Zentren ebenfalls in Form einer Asthenopie reagieren. Diese sensitive Strukturierung binokularer Zentren zeigt sich nicht allein an der Beeinflussung der Stereoskopie durch die Akkommodation. Auch plötzliche einseitige Augenveränderungen, z. B. durch ophthalmoskopisch kaum erkennbare Makulaerkrankungen, führen oft genug zu einer gar nicht meßbaren Herabsetzung der Sehschärfe, aber stören das Binokularsehen so erheblich, daß beim Patienten die Tendenz aufkommt, ein Auge zu schließen.

Diese Zusammenhänge sind von bemerkenswerter praktischer Bedeutung, denn Anisometrope mit normaler Sehschärfe auf einem Auge tragen häufig keine optische Korrektur, weil sie die Brille als belastend empfinden und weil sich ihre optosensorischen Zentren auf den Zustand der Asymmetrie ihres Sehprozesses adaptiert haben; das einseitige Korrekturglas wird zunächst sogar als Störfaktor für das Binokularsehen empfunden. Das dynamische stereoskopische Sehen kann aber bereits durch eine unkorrigierte Anisometropie geringer Höhe in Mitleidenschaft gezogen sein, während bei optimaler Brillenkorrektur eine normale dynamische Stereo-Sehschärfe erwartet werden kann. Die Schlußfolgerung daraus kann nur sein, Personen mit Anisometropien, besonders Führerscheininhaber mit erhöhten beruflichen Anforderungen, auch solchen mit geringfügigen Refraktionswerten (etwa ab $\pm 1{,}0$), frühzeitig eine Brille zu verschreiben und tragen zu lassen, weil damit die Lokalisation bewegter Objekte erleichtert wird.

6.3. Die dynamische Parallaktoskopie

6.3.1. Herabsetzung der Sehschärfe

Bei der Prüfung der dynamischen Parallaktoskopie mit Reduzierung der monokularen Sehschärfe wurde eine Stabbreite von 7,2 mm gewählt, die in einer Prüfungsentfernung von 4,5 m unter einem Öffnungswinkel von 5′ 30″ gesehen wird. Die Untersuchungsbedingungen glichen jenen bei der entsprechenden Prüfung der dynamischen Stereoskopie (s. Kap. 6.2.1.). Die statistischen Ergebnisse zeigt Tab. 6b. Signifikante Unterschiede zur normalen Raumsehschärfe ergaben sich nur bei einem Visus von 0,1.

Bei guter Erkennbarkeit des Testobjektes ist eine Behinderung der dynamischen Parallaktoskopie erst bei Extremwerten zu erwarten, vor allem bei Geschwindigkeiten, bei denen die dynamische Sehschärfe nicht mehr ausreicht, um das Sehobjekt klar zu erkennen. Eine Geschwindigkeitsreduzierung wirkt sich somit nicht direkt als Verbesserung der dynamischen Parallaktoskopie, sondern indirekt über ein verbessertes Erkennen des Testobjektes aus. Bei einer Verminderung der Geschwindigkeit von 0,5 m/s auf 0,12 m/s verbessert sich die dynamische Parallaktoskopie von 188″ auf 112″ (s. Tab. 6b).

Tabelle 6b

Mittelwert und Standardabweichung der gerade noch erkennbaren Raumtiefe in 4,5 m Prüfungsentfernung auf Grund der dynamischen Parallaktoskopie in mm und in Winkelsekunden bei experimentell herabgesetzter Sehschärfe ($n = 10$) (Testgeschwindigkeit 0,5 m/s)

Sehschärfe	Monokulare Raumsehschärfe	
	in mm	in Winkelsekunden
1,0	15 mm ± 6 mm	62″ ± 24″
0,6	18 mm ± 7 mm	72″ ± 29″
0,25	18 mm ± 7 mm	72″ ± 29″
0,1	47 mm ± 17 mm	188″ ± 68″
0,1 und einer verminderten Geschwindigkeit des Tests auf 0,12 m/s	28 mm ± 10 mm	111″ ± 40″

Keinesfalls hat aber eine Herabsetzung des Visus auf V = 0,1 eine Verschlechterung der dynamischen Parallaktoskopie auf 1/10 des Ausgangswertes zur Folge, ein Hinweis dafür, daß die visusensorische Fähigkeit zur dynamischen Parallaktoskopie eine relativ autonome Sinnesfunktion darstellt, deren Leistung nur durch massive Störfaktoren vermindert werden kann. Die Mehrzahl der Menschen verfügen über 2 gut oder brauchbar sehende Augen. Da die dynamische Parallaktoskopie auf der Wahrnehmung nur eines Auges basiert, spielt die Sehschärfenherabsetzung eines der beiden Augen für sie überhaupt keine oder eine äußerst geringe Rolle. In dieser Beziehung bestehen wesentliche Unterschiede zur dynamischen Stereo-Sehschärfe, die auch bei Behinderung nur eines Auges relativ massiv in Mitleidenschaft gezogen wird (s. Kap. 6.2.2.), weil sie auf der Funktionstüchtigkeit zentraler Assoziationssysteme basiert, die Impulse von beiden Augen benötigen. Jedenfalls können Personen mit einer nur einseitig herabgesetzten Sehschärfe bei gut sehendem zweitem Auge auf der Basis der Parallaktoskopie Bewegungsvorgänge im Straßenverkehr noch verläßlich beurteilen, und selbst in schwierigen Situationen werden sie sich räumlich zurecht finden.

6.3.2. Dämmerungssehbedingungen

Die Leuchtdichte der Testfläche wurde stufenweise mit Hilfe eines den Lampen vorgeschalteten Transformators auf 318,9 cd/m², 31,9 cd/m², 3,2 cd/m², 0,3 cd/m², 0,06 cd/m² und 0,03 cd/m² reduziert. Im übrigen glichen die

Tabelle 7

Untersuchungsergebnisse am Parallaktoskopometer bei herabgesetzten Leuchtdichten ($n = 10$) bei Geschwindigkeiten von 0,5 m/s

Leuchtdichte in cd/m²	Durchschnittlicher erkennbarer Tiefenunterschied	Entsprechende Raumsehschärfe
318,9	1,5 ± 0,6	61″ ± 24″
31,9	1,4 ± 0,4	57″ ± 16″
3,2	1,6 ± 0,6	65″ ± 24″
0,3	2,7 ± 1,8	110″ ± 73″
0,06	4,6 ± 3,3	188″ ± 134″
0,03	11,6 ± 9,9	481″ ± 409″

Untersuchungsbedingungen jenen bei der Untersuchung der Stereo-Sehschärfe unter Dämmerungsbedingungen (s. Kap. 6.2.3.).

Die Ergebnisse dieser sehr zeitaufwendigen Untersuchungen faßt Tabelle 7 zusammen. Die Einzelergebnisse veranschaulicht Abbildung 22. Bei Herabsetzung der Leuchtdichte nimmt die dynamische Parallaktoskopie auffallend spät ab, deutlich erst bei einer Leuchtdichte von 0,3 cd/m². Obgleich bereits bei 31,9 cd/m² nach SCHOBER (1970) ein optimaler monokularer Visus nicht mehr erreicht wird, kommt es bei dieser Leuchtdichte im Vergleich zur Aus-

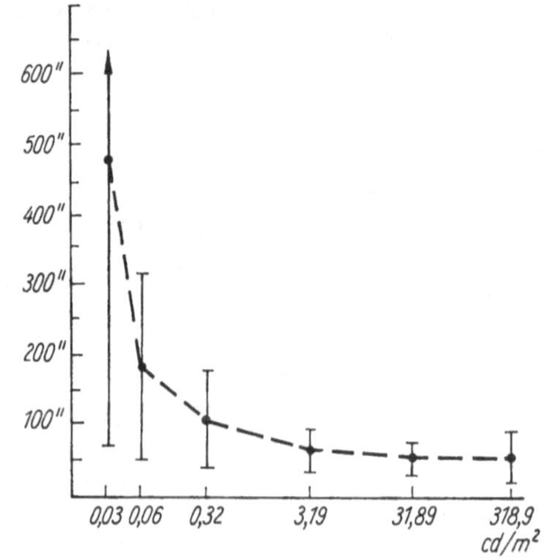

Abb. 22. Mittelwerte und Standardabweichung der dynamischen parallaktischen Raumsehschärfe bei Herabsetzung der Leuchtdichten (n = 10). Abszisse: Leuchtdichte in cd/m². Ordinate: Raumsehschärfe in Winkelsekunden.

gangsleuchtdichte der Testfläche (620 cd/m²) zu keiner verringerten Leistung der dynamischen Parallaktoskopie. Sogar bei einer Leuchtdichte von 0,03 cd/m², bei der eine stereoskopische Wahrnehmung nur sehr selten möglich ist (s. Kap. 6.2.1.), vermittelt die Bewegungsparallaxe noch eine auswertbare dreidimensionale Information. Unter Dämmerungssehbedingungen bis zu einer Leuchtdichte von 0,06 cd/m² besteht eine bemerkenswerte dynamische Parallaktoskopie, die im täglichen Leben wesentlich zur räumlichen Orientierung beitragen kann. Die auf Grund der Dämmerungssehbedingungen unsichere Fixation und die gehemmte Okulomotorik bezüglich Augenfolge- und Korrekturbewegungen, von der die Stereoskopie erheblich gestört wird, macht der dynamischen Parallaktoskopie offensichtlich weniger aus, desgleichen Dunkelmydriasis und Nachtmyopie. Hinzu kommt, daß für die monokulare Bewegungsparallaxe eine binokulare Fusion nicht erforderlich ist, die bei herabgesetzten Leuchtdichten eine wesentlich längere Zeit benötigt als bei Helladaptation (Piper, 1951).

Gleiche oder ähnliche Feststellungen sind für die Mehrzahl der anderen empirischen Faktoren der Raumwahrnehmung anzunehmen, vor allem für die Beurteilung der Größenverhältnisse, für die Linearperspektive und für die Konturenüberschneidung.

7. DER EINFLUSS PSYCHOSENSORISCHER FAKTOREN

Zusammenfassung: Wegen komplizierter zentraler Assoziationen ist bei der räumlichen Wahrnehmung bewegter Objekte, vornehmlich bei der dynamischen (dyn.) Stereoskopie, auch ein Einfluß durch psychische Faktoren auf die Prüfungsresultate zu erwarten, vor allem wegen der leicht irritierbaren Okulomotorik. Von praktischer Bedeutung ist dabei die Ermüdung, die bei der dyn. Stereoskopie durch Belastung relativ schnell auftritt und eine Leistungsminderung bis auf die Hälfte bedingen kann; die Ermüdungssymptome verschwinden allerdings bereits nach einer kurzen Erholungspause vollständig. Bei der dyn. Parallaktoskopie ist die Ermüdungsneigung wesentlich geringer. Ein Einfluß von Psychosedativa ließ sich sowohl auf die dyn. Stereoskopie als auch auf die dyn. Parallaktoskopie nicht feststellen, ebenfalls nach Gaben von Hypnotika, weil bei beiden für die Prüfung nur kurz dauernde Aufmerksamkeitszuwendungen verlangt werden. Die dyn. Stereoskopie zeigt einen sehr ausgeprägten Kurzzeitübungseffekt, der bereits nach etwa 10 Probeeinstellungen zu 90% erreicht ist und nach etwa 80 Einstellungen sein Maximum erreicht hat; ein Langzeitübungseffekt war kaum feststellbar. Bei der dyn. Parallaktoskopie fehlte sowohl ein Kurzzeit- als auch ein Langzeitübungseffekt. Bei Asthenopien ist ein reduziertes dynamisches Raumsehen nicht nachweisbar.

7. The Influence of Psychosensoric Factors

Summary: On account of complicated central associations in the spatial perception of moving objects, above all in the dynamic stereoscopy, also an influence by psychic factors on the testresults is to be expected, first of all on account of the slightly irritable oculomotoricity. Of practical importance is in this case the fatigue, which in the dynamic stereoscopy relatively quickly appears by stress and may cause a reduction of performance up to the half; the symptoms of fatigue, however, fully disappear after a short recovery phase. In the dynamic parallactoscopy the inclination to fatigue is essentially less significant. An influence of psychosedative drugs both on the dynamic stereoscopy and the dynamic parallactoscopy could not be stated, also after application of hypnotics, since in the two only short-term psychomotor applications are required for the check-up. The dynamic stereoscopy shows a very distinct short-term exercise effect, which at 90% is achieved already after 10 test adjustments and has reached its maximum after about 80 adjustments; a long-term exercise effect could scarcely be stated. There was no short-term as well as no long-term exercise effect in the dynamic parallactoscopy. In asthenopias no reduced dynamic stereoscopic vision is to be proved.

7.1. Einleitende Bemerkungen

Komplizierte sensomotorische Leistungen wie das dynamische Raumsehen sind erfahrungsgemäß auch von der Psyche eines Menschen abhängig, was u. a. im Sport oder am Arbeitsplatz seit langem Beachtung erfährt. HEINSIUS (1944) sah bei hohen psychischen Anforderungen eine Abnahme der statischen Stereo-Sehschärfe in ähnlichem Ausmaß wie nach körperlichen Belastungen und nach Übernächtigung.

Räumliches Sehen macht viele komplizierte Assoziationen im Zentralnervensystem mit psychischen Abhängigkeiten erforderlich. Nicht ohne Grund hat sich daher in den 20er Jahren die Psychologie den Problemen des räumlichen Sehens intensiv gewidmet und wesentliche Beiträge auf diesem Gebiet geliefert. Allerdings war der Rang der Psyche im Vergleich zu den physiologischen Grundlagen beim räumlichen Sehen, speziell bei der Stereoskopie in Form der Querdisparation, stets umstritten (KRUDEWIG, 1953; MAYER, 1977). Die Physiologie war stets gegenüber den Lehren und Argumenten der Psychologie bemerkenswert zurückhaltend. Den gesamten Bereich der Stereoskopie aus psychologischer Sicht hat 1956 LINSCHOTEN in einer umfangreichen Monographie dargestellt.

Von einiger Bedeutung sind im Rahmen dieser Problematik die Ergebnisse der Untersuchungen des Binokularsehens von psychisch Kranken. KRAUSE und HEMPEL (1982) fanden bei paranoidschizophrenen, kataton-schizophrenen, hebephren-schizophrenen, schizoaffektiven (zykloiden), depressiven, manischen und hirnorganisch bedingten Syndromen, aber auch bei leichteren psychischen Störungen signifikant schlechtere Ergebnisse des räumlichen Sehens als bei Vergleichspersonen, wobei Trugwahrnehmungen von vornherein ausgeschlossen waren. Besonderheiten des bildnerischen Ausdruckes psychisch Kranker im Hinblick auf die Dreidimensionalität hat RENNERT (1977) detailliert analysiert; er fand organisch oder funktionell bedingte Veränderungen des Raumschemas und der Raumhaftigkeit des Wahrnehmens und Wiedergebens mit sinnesphysiologisch und ophthalmologisch meßbaren Defizienzen bezüglich der Perzeption. Zu ähnlichen Ergebnissen waren KIENLE (1968), SCHULZ, E. u. G. (1974) und WÄLDRICH (1978) gekommen. Diese Untersuchungsergebnisse beweisen, daß bei gestörten sensomotorischen Koordinationen, Aufmerksamkeitsverlusten und Transformationsmängeln die zentrale Verarbeitung von zweidimensionalen in dreidimensionale Eindrücke überhaupt nicht oder nur in atypischer, psychopathologischer Weise gelingt, wobei auch die Einwirkung von Neuroleptika und Antidepressiva auf die binokulare Sensomotorik (TOPPEL, 1976) Beachtung verdient.

Beim dynamischen Raumsehen kombiniert sich das Raumsehen mit der ebenfalls vom Psychischen her stark irritierbaren Okulomotorik. Es liegt somit nahe, einige psychische Faktoren, soweit sie der experimentellen Untersuchung zugänglich sind, zu analysieren.

7.2. Ermüdung

Ermüdung ist zu einem wesentlichen Anteil psychisch bedingt. Der Ermüdungsfaktor spielt bei allen Prüfungen, die sich mit komplizierten Bewegungsabläufen und sensorischen Leistungsmessungen befassen, eine wesentliche Rolle. Dies trifft auch für die Bestimmung der dynamischen Raumsehschärfe zu. Es ist nahezu unmöglich, daß eine Testperson fortlaufend und pausenlos optimale Konzentration und Aufmerksamkeit für die ganze Zeit einer derartigen Prüfung aufzubringen vermag. Die Ermüdung tritt sowohl als psychosomatisches Phänomen, aber auch in Form der sog. psychischen Sättigung in Erscheinung.

Rasch eintretende Ermüdbarkeit ist eine weit verbreitete Störung, die mit einigem Recht als Krankheit bezeichnet werden kann. Die Hirntätigkeit ist im Zustand der Ermüdung modifiziert; stärkere Reize, z. B. intensive Impulse für die Aufmerksamkeit, werden oft normal verarbeitet. Eine Ermüdung kann neben psychogenen auch organische, konstitutionelle, funktionelle und exogene Ursachen haben. Hochgradige Ermüdung sowohl durch geistige als auch durch körperliche Überforderung hat fallweise eine Minderdurchblutung der Netzhaut zur Folge; nach SCHOBER (1972) kann dies zur Wahrnehmung von weißlichen Flecken im Gesichtsfeld bzw. zu kleinen Skotomen führen, wobei die Gesichtsfelddefekte gar nicht verspürt werden. Im Ermüdungszustand sind die Pupillen etwas erweitert. Dies setzt die Sehschärfe geringgradig herab und unterstützt asthenopische Beschwerden, Epiphora und Blendempfindlichkeit bei mehr als 1/4 der Probanden (KIRIJAKOFF, WASSILEWA und RAITSCHEWA, 1964). DUBOIS-POULSEN (1968) sah hingegen bei Ermüdung nur eine Störung der Okulomotorik, nicht aber eine solche der Sensorik.

Der Begriff der psychischen Sättigung (JAENSCH, E. R., 1939) hängt mit dem Ermüdungszustand eng zusammen. Diese Art der Leistungsminderung kommt zustande, wenn der gleiche Reiz stereotyp längere Zeit auf das Sensorium einer Testperson einwirkt. Unterstützt wird dies durch Gleichgültigkeit und Kritiklosigkeit gegenüber der eigenen Leistungsfähigkeit. Bei langem Autofahren führt sie zur Unterschätzung von Entfernungen und Geschwindigkeiten und zur Reaktionsverzögerung bei der Beurteilung schwieriger Situationen. Aus diesem Grunde flacht bei längerer Betrachtung einer Tiefendistanz der Raumeindruck mehr und mehr ab.

Es gibt über den Einfluß der Ermüdung speziell auf das räumliche Sehen bereits eine Reihe von Beobachtungen. HEINSIUS (1947) sah bei Entfernungsmessern der Marine nach Nachtwachen, anstrengender Seefahrt und psychischer Belastung eine erhebliche Leistungsabnahme der Stereopsis, besonders zur Nachtzeit. LEOPOLDSBERGER (1942) beobachtete nach 3stündigem Exerzieren bei Soldaten eine wesentliche Beeinträchtigung der Fusion, die nach Alkoholgaben noch größer wurde, ähnlich GIARDINI (1949). Nach SACHSENWEGER, R., (1955) beeinflußt eine Ermüdung das räumliche Sehen besonders bei wiederholter Momentdarbietung des Prüfobjektes und beim mesopischen Sehen, allerdings mit großer Variationsbreite. Die Zeit, die zur Erfassung eines räumlichen Eindruckes erforderlich ist, nimmt bei Ermüdung zu.

Leider läßt sich der Grad der Ermüdung mit physiologischen oder psychotechnischen Tests nur unzuverlässig ermitteln. Dies ist aber bei der Prüfung des dynamischen Sehens auch gar nicht zwingend, weil sich eine Ermüdung bei nahezu jeder Testperson durch schwankende Angaben, die das Maß der individuellen Streuung deutlich übersteigen, durch eine anwachsende Fehlerrate sowie durch ein subjektiv empfundenes Gefühl der Desinteressiertheit ohnehin kundtut.

Aus ergophthalmologischer Sicht war der Faktor der Ermüdung wichtig genug, seine Bedeutung für die dynamische Raumsehschärfe zu analysieren. Aus diesem Grunde wurden bei 3 Testpersonen 90 Minuten lang Prüfungen der *dynamischen Stereo-Sehschärfe* ohne Unterbrechungen in Schwellennähe durchgeführt. Die Anforderungen an die stereoskopische Optosensorik und an die Okulomotorik waren dabei nicht unbeträchtlich: Sie entspricht etwa jener bei 60 km Fahrstrecke im Stadtverkehr bzw. 150 km Fahrstrecke auf der Autobahn bei schnellem Fahrtempo. Da erwiesenermaßen ältere Personen eher und ausgiebiger ermüden als jüngere, wurden zu diesen Untersuchungen nur Testpersonen über 55 Jahre ausgewählt. Alle Versuchspersonen zeigten nach 90 Minuten, oft schon vorher, mehr oder minder massive Symptome einer Ermüdung mit eindeutiger Leistungsminderung, obgleich sie über das Vorhaben, speziell ihre Ermüdbarkeit bzw. Konzentrationsfähigkeit nach lang anhaltender Belastung des dynamischen Raumsehens zu prüfen, orientiert waren. Immerhin konnte bei ihnen nicht ausgeschlossen werden, daß die Besonderheit der Prüfungssituation zumindest auf ihre Konzentration positiv eingewirkt hat. Die dynamische Stereo-Sehschärfe sank bei einer 55jährigen um etwa 1/3, bei einer 63jährigen um etwa 1/4 und bei einem 67jährigen sogar um etwa die Hälfte der Ausgangsleistung ab. Nach 5 Minuten Unterbrechung war der ursprüngliche Leistungsstand wieder erreicht.

Die Variationsbreite ist hinsichtlich der Ermüdung beim dynamischen stereoskopischen Sehen erheblich. Zu einem echten Versagen kommt es aber bei massiven Überlastungen, wie dies DUBOIS-POULSEN (1969) und LEOPOLDSBERGER (1942) auch für die statische Stereo-Sehschärfe bzw. die binokulare Fusion festgestellt haben.

Grundsätzlich muß die Aufgabe, auf der Basis der Zusammenarbeit beider Augen eine spezifische, beim monokularen Sehen unmögliche Leistung zu vollbringen, zu einer besonderen Beanspruchung und damit zu einer vorzeitigen Ermüdung führen. Dies hat arbeitsmedizinisch eine Relevanz bei der Erklärung der häufigen Sehbeschwerden in denjenigen Berufen, in denen ständig oder vorwiegend dreidimensional gesehen und beurteilt werden muß. Auch das Phänomen, die bei anhaltender binokularer Beanspruchung auftretenden Ermüdungserscheinungen durch Schließen eines Auges zu beenden, ist nicht zuletzt auf dieser Basis zu erklären; damit wird der visuelle Vorgang auf das mit weniger Assoziationsaufwand zu bewerkstelligende monokulare Sehen umgeschaltet, auf Stereoskopie allerdings ganz verzichtet.

Eine herabgesetzte dynamische Stereo-Sehschärfe kann vermutlich auch ihrerseits eine Ermüdung provozieren, denn bei schlechter dynamischer Stereoskopie stellt jede visusensorische Wahrnehmung an das Leistungsvermögen eine höhere Anforderung und führt somit vorzeitig zur Ermüdung.

Bei der *dynamischen Parallaktoskopie* ist der Ermüdungseffekt wesentlich geringer als bei der dynamischen Stereoskopie und beschränkt sich nur auf ein subjektiv empfundenes, individuell unterschiedliches Gefühl der Überforderung bzw. Desinteressiertheit, ohne daß daraus eindeutige Anzeichen einer Leistungsminderung resultieren. Auf eine Verlängerung der Belastungszeit mußte aus äußeren Gründen verzichtet werden. Die geringe Ermüdungsdisposition beim bewegungsparallaktischen Sehen unterstreicht die wesentlich unkompliziertere, wenig belastende und mehr reflektorisch geartete Struktur der dynamischen Parallaktoskopie: Die Ermüdungsschwelle gleicht hierbei offensichtlich dem elementaren Sehen. Sekundäre Faktoren wie körperliche Verfassung vor der Belastung und psychische Situation haben für die Prüfungsresultate vermutlich den gleichen Rang wie die ständige Wiederholung der Prüfungsaufgaben.

7.3. Wirkung von Psychosedativa

Die Anzahl der Personen, die Psychopharmaka in Form von Psychosedativa einnehmen, aber dennoch am Kraftverkehr teilnehmen, an ihrem Arbeitsplatz in höherer Unfallgefahr stehen bzw. sich als Fußgänger im dichten Stadtverkehr bewegen, ist zweifellos beträchtlich. Psychosedativa (minor transquilizer, Ataraktika), die 1952 in die Therapie zur unspezifischen Angstdämpfung eingeführt wurden, vermögen psychische Abläufe zu manipulieren, setzen dabei aber auch die Reaktionsfähigkeit mehr oder minder herab. Ähnliches gilt für die Mehrzahl der Neuroleptika (major transquilizer, Antipsychotika). Nur wenige Psychopharmaka wirken direkt auf Augen bzw. Augenmuskeln, z. B. auf Akkommodation, Blendempfindlichkeit, Sehschärfe als evtl. Folge einer Chorioretinopathie, Pupillomotorik, Gesichtsfeld, Dunkeladaptation, Farbwahrnehmung und retinale Überleitungszeit (LIESCHKE, 1982).

Psychopharmaka führen zwar nur selten zu einer visuellen Minderleistung, aber zu einer Beeinflussung der Gesamtpersönlichkeit, der Psychomotorik und dabei auch zu einer Beeinträchtigung des Fahrverhaltens (GRAMBERG-DANIELSEN, 1976). Mit hoher Wahrscheinlichkeit beeinträchtigen Psychopharmaka assoziative Prozesse im Zentralnervensystem und damit auch die Basen der dynamischen Raumsehschärfe. Sie haben damit eine entscheidende Möglichkeit, Leistungen jeder Art des Zentralnervensystems zu stimulieren (SCHMIDT, 1983).

Da Faustan® (Diazepam, je Tablette 5 mg) als Psychosedativum häufig angewendet wird, wurde es unter den Psychopharmaka ausgewählt und sein Einfluß auf die dynamische Stereo-Sehschärfe und die dynamische Parallaktoskopie geprüft. Vor der Einnahme von 2 Tabletten Faustan® und eine Stunde danach wurde die dynamische Stereo-Sehschärfe ermittelt.

Die Intensität der Wirkung von Faustan® ist individuell bemerkenswert unterschiedlich: Auf einige Personen wirkt es nahezu wie ein Schlafmittel, auf andere hingegen in kaum merkbarer Weise; so treten alle Stadien zwischen Maximum und Minimum einer Transquilisation auf. Nach WALTHER, UCHTLÄNDER und MEYER (1983) beträgt trotz körpergewichtsbezogener Dosierung die interindividuelle Schwankung des Blutspiegels 1:10 bis 1:30.

Keiner der 6 Probanden zeigte irgendeine Wirkung. Das Resultat war so eindeutig, daß die Versuche nach der 6. Testperson abgebrochen wurden.

Dies Ergebnis besagt nicht, daß in besonders gelagerten Fällen, beispielsweise in Verbindung mit dem Genuß geringer Alkoholmengen trotz sehr niedriger Blutalkoholwerte, nach Überanstrengung und Übernächtigung, bei psychischer Überforderung u. a. m. nicht doch eine Wirkung des Medikamentes auf die dynamische Raumsehschärfe eintreten kann. Aber diese Faktoren sind einer experimentellen Analyse weitgehend entzogen. Jedenfalls kann aus dem oben beschriebenen negativen Ergebnis keinesfalls geschlußfolgert werden, daß ein Hinweis an die Patienten über die Minderung der Fahrtauglichkeit überflüssig bzw. übervorsichtig sei. Es kommt hinzu, daß Aufmerksamkeit und Konzentration bei der Prüfung der beiden Arten der dynamischen Raumsehschärfe jeweils nur für wenige Sekunden gefordert werden; jedes Überraschungsmoment fehlt, das Milieu eines Prüfungsraumes ist wenig strapaziös, und die Optosensorik hat mit optimalen Sichtverhältnissen zu tun.

Eine ganz andere Situation liegt demgegenüber beim Führen eines Kraftwagens vor. Hier befinden sich die Sichtverhältnisse oft im Grenzbereich des sensorisch noch zu Bewältigenden; es besteht die Notwendigkeit zur Aufmerksamkeit in allen Teilen des Gesichtsfeldes und nicht allein beim Blick nach vorn, so daß ein ständiger Zwang zu permanenten Blickbewegungen vorliegt. Außerdem tauchen nahezu ununterbrochen neue visuelle Anforderungen mit schwierigen Verkehrssituationen auf. Teilweise besteht eine Ablenkung durch die Mitfahrer, durch Radio u. ä. bzw. eine ermüdende Eintönigkeit der Sehanforderungen. Dies alles dürfte im Einzelfall nach Einnahme von Psychosedativa auch die Leistungen des dynamischen Raumsehens so erheblich belasten, daß eine Versagenshaltung nicht ausgeschlossen werden kann. Nach SCHOTT und SEIDEL (1982) hebt speziell eine milde Dauertherapie mit Psychopharmaka die Bedenken hinsichtlich der Fahrtauglichkeit dann auf, wenn keine verkehrsmedizinisch relevanten Nebenwirkungen erkennbar sind. Somit kann der Arzt bei Dauertherapie individuell, in Abhängigkeit vom klinischen Bild, über die Fahrtauglichkeit unter diesem Therapieregime entscheiden.

Daß *psychotrope Drogen* die Leistungen des dynamischen Sehens erheblich mindern, steht außer Zweifel (GRAMBERG-DANIELSEN, 1976). Haschisch beeinflußt beispielsweise weder Sehschärfe noch Farbensehen, jedoch in deutlichem Ausmaß das stereoskopische Sehen in jeder Form (HELMER, 1972).

Exzitanzien haben eine gegensätzliche Wirkung; diese ist naturgemäß dann am stärksten, wenn die Medikamente im Zustand der Ermüdung und Erschöpfung eingenommen werden. Speziell die Einwirkung von Coffein auf die Sehfunktionen ist allerdings mit widersprüchlichen Ergebnissen untersucht worden. Es soll u. a. fallweise zu einer Verbesserung der Kontrastwahrnehmung, zu einer geringeren Blendempfindlichkeit, zu einer Verbesserung der Dämmerungssehschärfe, zu einer Verkürzung der Readaptationszeit und zu Veränderungen im ERG kommen (GRAMBERG-DANIELSEN, 1976). Bei den meisten Menschen wirkt Kaffee nur etwa 30 Minuten lang anregend, dann tritt, von Ausnahmen abgesehen, eine Reaktionsverlangsamung ein, die aber selten beruhigend wirkt. Tee hingegen wirkt nicht so vehement, dafür hält seine Wirkung aber 2–3 Stunden an.

7.4. Wirkung von Hypnotika

Auch die Veränderbarkeit des Sehvermögens nach Einnahme von Hypnotika hat große arbeits- und verkehrsmedizinische Bedeutung. Bei dem ständig sich erhöhenden Verbrauch von Schlafmitteln gibt es immer mehr Menschen, bei denen die Medikamentenwirkung zu Beginn der Tagesarbeit und auf dem Wege zur Arbeit noch nicht abgeklungen ist. Vorrangig wirken Hypnotika am Auge auf äußere Okulómotorik, binokulare Funktionen und Pupillomotorik (GRAMBERG-DANIELSEN, 1976).

Barbiturate schienen für die folgende Versuchsreihe weniger gut geeignet, weil sie besonders vegetative Zentren an der Zwischenmittelhirn-Grenze stimulieren und somit einen nur sekundären Einfluß auf Großhirnzentren und -bahnen, auf Bewußtseinslage und Reaktionsfähigkeit, auf Impulsaufnahme und Auswertung nehmen.

Der Ermüdungszustand wurde durch gleichzeitige Einnahme von 2 Tabletten Dormutil® (Methaqualon à 200 mg) ausgelöst. Es ergab sich allerdings auch hierbei relativ bald, daß der damit induzierte Ermüdungszustand jederzeit für die Dauer der Prüfung durch besondere Aufmerksamkeitsanstrengungen kompensiert werden kann. Bei den 6 Testpersonen zeigten jedenfalls die Resultate der Prüfung der dynamischen Stereo-Sehschärfe und der dynamischen Parallaktoskopie vor und eine Stunde nach der Einnahme des Einschlafmittels keinen signifikanten Unterschied. Ohne Zweifel spielt dabei allerdings die Dosierung des Schlafmittels eine wesentliche Rolle: Bei einer Überdosierung kann letztlich ein leistungsmindernder Effekt nicht ausbleiben.

Während einer länger andauernden Arbeit, beim Führen eines Kraftwagens u. a. m. sollte trotz dieser Resultate mit einer Versagenshaltung auch der dynamischen Raumsehschärfe nach Einnahme von Schlafmitteln gerechnet werden. Selbstverständlich ist nicht auszuschließen, daß im Alltag bei einem medikamentös verursachten Ermüdungszustand überhaupt keine Situationen auftreten, die zu einem Versagen Anlaß geben.

Auf eine Untersuchung der Beeinflussung der dynamischen Stereo-Sehschärfe durch Alkohol konnte verzichtet werden, weil bereits durch Honegger, Kampschulte und Klein (1972) sowie von Kühner (1958) festgestellt worden ist, daß bereits bei 0,3% Blutalkohol (das entspricht etwa 0,3 g Alkohol pro kg/Körpergewicht) die monokulare dynamische Sehschärfe in Mitleidenschaft gezogen wird. Dieser Effekt kommt weniger durch die Beeinflussung der Sensorik als durch Störungen der Okulomotorik zustande, zumal Äthylalkohol zwar eine Schwächung von Aufmerksamkeit, Reaktionsgeschwindigkeit, Konzentrationsfähigkeit und Blickführung im Gefolge hat (Gramberg-Danielsen, 1976), Sehschärfe, Stereo-Sehschärfe, Fusionsbreite (Manz, 1939) und Farbsehen indessen relativ unbeeinflußt läßt. Alkoholbedingte Veränderungen der sensorischen Leistung ergeben sich vor allem bei ungünstigen Beleuchtungsverhältnissen (Gramberg-Danielsen, 1977). Es ist zu erwarten, daß die dynamische Stereo-Sehschärfe und die dynamische Parallaktoskopie auf Alkoholgenuß ebenso wie die monokulare dynamische Sehschärfe reagiert.

7.5. Kurzzeit- und Langzeitübung

Der Übungsfaktor spielt bei jeder Sehleistung eine nicht geringe Rolle. Besonders ausgeprägt ist er bei Kindern und Jugendlichen und bei Personen mit visuellen Defekten. Im Alter ist eine Sehleistung nur in gemindertem Grade übungsfähig (van Beuningen, 1949). Bei wiederholten augenärztlichen Untersuchungen ist die Berücksichtigung des Übungseffektes unumgänglich, um nicht der Täuschung von einer Befundverbesserung zu verfallen.

Auch bei allen wissenschaftlichen ophthalmologischen Untersuchungen muß der Übungseffekt zur Vermeidung falscher Feststellungen berücksichtigt werden. Aus diesem Grunde sollte der eigentlichen Registrierung der Befunde eine

Übungsphase vorgeschaltet werden. Bei der dynamischen monokularen Sehschärfe genügen nach HONEGGER, KAMPSCHULTE und KLEIN (1970), HONEGGER, SCHAEFER und JAEGER (1969) sowie nach LUDVIGH und MILLER (1958) dazu 5 bis 10 Einstellungen, dann sind 90% des Übungseffektes erreicht.

Zweifellos gibt es auch einen Langzeitübungseffekt. Nach HABERKORN (1965) bessert sich die statische Stereo-Sehschärfe noch bis zum 13. Übungstag. Allerdings können durch Übung die individuellen Schwankungen nicht ausgeglichen werden (RÜSSEL, 1939). Van BEUNINGEN (1949) sah einen Langzeitübungseffekt bei täglichen Messungen insbesondere in der 2. und 3. Woche, allerdings abhängig vom Prüfungsgerät. Sowohl beim Kurzzeit- als auch beim Langzeitübungseffekt ist mit einer immensen interindividuellen Streuung zu rechnen, die durch Intelligenz, Bildungsgrad, Konzentrationsfähigkeit, Konstitution, Alter u. a. m. bestimmt wird.

Am binokularen Prismen-Rotationsgerät wurde bei 3 Testpersonen an etwa 20 Tagen hintereinander und später in größeren Abständen über 6 Wochen lang die dynamische Stereo-Sehschärfe ermittelt. Die Testpersonen waren etwa gleichaltrig (♀ 54 J., ♀ 62 J., ♂ 67 J.), um einen Alterseinfluß möglichst auszuschalten. Dabei zeigte sich, daß nach mehrtägigen Übungen mit einem

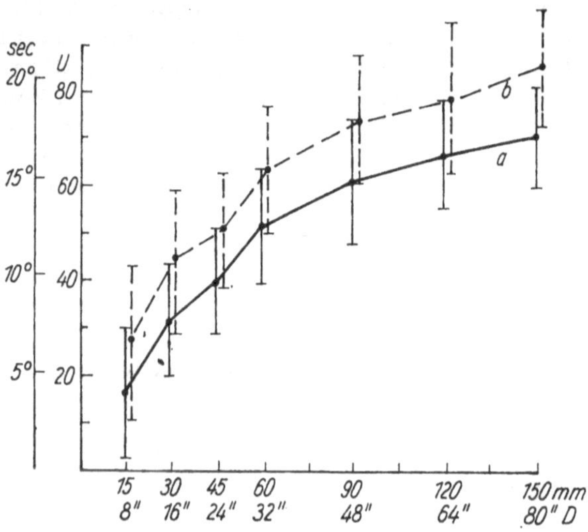

Abb. 23. Mittelwerte und Standardabweichung der dynamischen Stereo-Sehschärfe (n = 10) zu Prüfungsbeginn (a) und nach 80 weiteren Einstellungen (b) zwecks Ermittlung des Kurzzeitübungseffektes. Abszisse: Tiefenabstand der Stäbe in mm (1. Reihe) und als Querdisparationswinkel (2. Reihe). Ordinate: Zahl der Umdrehungen pro Minute (re.) und der Wegstrecke in Grad pro Sekunde (li.).

Anstieg der Prüfungsergebnisse in nennenswertem Umfang nicht zu rechnen ist, so daß ein *Langzeitübungseffekt* bei der gewählten Prüfungsmethode nicht existiert oder sehr gering ist. Währenddessen war ein *Kurzzeitübungseffekt* deutlich nachweisbar. Bei 10 Versuchspersonen wurden die Resultate zu Beginn (nach der Einweisung und 10 Probeeinstellungen) sowie nach ca. 80 weiteren Einstellungen miteinander verglichen. Das Diagramm der Abbildung 23 stellt den durchschnittlichen Übungseffekt von 10 Versuchspersonen während dieser Übungsperiode dar. Die Signifikanzberechnung zeigt einen Unterschied zwischen beiden Kurven mit einer Irrtumswahrscheinlichkeit von 0,1%.

Bei der dynamischen Stereo-Sehschärfe wirken mehrere trainierbare Faktoren zusammen: Die statische Sehschärfe, die statische Stereo-Sehschärfe, die dynamische Sehschärfe sowie die Okulomotorik mit der Fähigkeit zu Fixations- und Folgebewegungen. Nur speziell bei der statischen Sehschärfe ist die Streubreite des Übungseffektes relativ gering. Insgesamt bewirkt die Multiplizität der beübbaren Faktoren eine große Mannigfaltigkeit im Übungsresultat.

Am Dreistäbeapparat fand van BEUNINGEN (1949) 5 Reaktionsweisen der statischen Stereo-Sehschärfe auf wiederholte Übungen: 1. Versuchspersonen mit von vornherein guten, aber auch konstanten stereoskopischen Leistungen; 2. Versuchspersonen mit mittleren Leistungen und guten Übungsresultaten; 3. Versuchspersonen mit anfangs schlechten Leistungen, die durch Übungen zu mittleren Leistungen gebracht werden konnten; 4. Versuchspersonen mit schlechten Leistungen und einer großen Streubreite der Übungsresultate; 5. Versuchspersonen mit schlechten stereoskopischen Leistungen ohne nennenswerte Beübbarkeit. Von einer Routinemethode in der augenärztlichen Praxis sei zu fordern, daß der anfängliche Übungseffekt einen durchschnittlichen Wert von 25% des Ausgangswertes nicht überschreitet und daß nach 4—5 Tagen eine relative Konstanz der Ergebnisse eingetreten ist. Diese Forderungen sind am Prismen-Rotationsgerät und am Parallaktoskopometer erfüllt.

Am *Parallaktoskopometer* war nach der 10. Einstellung, meistens aber schon vorher, ein Übungseffekt nicht mehr nachweisbar. Der Kurzzeitübungseffekt war bei allen Personen sehr geringfügig, ein Langzeitübungseffekt fehlte gänzlich. Das entspricht der Feststellung, daß berufliche Arbeit selbst bei langjährig ausgeführten Tätigkeiten mit höheren Anforderungen an das Raumsehen (s. Kap. 4.3.2.) keine nennenswerte Steigerung der Qualität des dreidimensionalen Sehens mit sich bringt und daß die Bewegungsparallaktoskopie eine relativ elementare Sinnesleistung darstellt, die von Kindheit an im täglichen Leben unbewußt eine intensive Übung erfährt, so daß bei der Prüfung am Parallaktoskopometer nur eine apparatespezifische Anpassung erfolgen kann.

7.6. Asthenopie

Das Asthenopie-Syndrom ist vielgestaltig. Seine Symptome sind unspezifisch: Epiphora, Photophobie, chronische Conjunctivitis, Flimmern im Blickfeld, Spannungsgefühl in der Augenpartie, Verschwommensehen, in schwierigen Fällen Übelkeit, Unlustgefühl, Brechreiz und nervöse gastro-intestinale Affektionen. Oft ist das Allgemeinbefinden insgesamt beeinträchtigt. Nach HASS (1982) wird eine akkommodative (dioptrische), muskuläre, nervöse, artifizielle und milieubedingte Asthenopie unterschieden. Die auslösende Anomalie ist oft gar nicht so erheblich, als daß sie bei einer routinemäßigen diagnostischen Abklärung auffällig sein könnte. Besonders Asymmetrien zwischen beiden Augen belasten das Sehen erheblich (s. Kap. 6.2.2.). Auch bei einer Labilität des Binokularsehens (de DECKER und HAASE, 1976; OTTO und HÖLLMÜLLER, 1969) kommen asthenopische Beschwerden vor.

Meistens gehört zur Auslösung asthenopischer Beschwerden eine spezifische visusensorische bzw. okulomotorische Belastung. Asthenopien sind nahezu immer Symptom einer Diskrepanz von visueller Leistungsfähigkeit einerseits und visueller Anforderung andererseits. Daher haben sie situationsspezifischen Charakter und treten bei den Betroffenen nur zu bestimmten Gelegenheiten auf. Die reduzierte Belastbarkeit ist zuweilen Folge einer allgemeinen vegetativen Dystonie. Die Häufigkeit der Asthenopie ist in den einzelnen Bevölkerungsgruppen höchst unterschiedlich (SCHOBER, 1954), je nach Art der Tätigkeit, der allgemeinen Belastung und der Lebensweise.

Es kann nicht ausgeschlossen werden, daß auch eine herabgesetzte dynamische Raumsehschärfe eine Asthenopie provozieren könnte, zumal in einer ganzen Reihe von Berufen, in denen asthenopische Beschwerden häufiger vorkommen, dynamisches Raumsehen besonders gefordert ist. Es wurden daher 10 Personen, die anamnestisch über asthenopische Beschwerden in irgendeiner Form klagten, hinsichtlich der dynamischen Stereoskopie und 8 adäquate Personen hinsichtlich der dynamischen Parallaktoskopie untersucht. Alle untersuchten Personen verfügten über einen Augenbefund ohne Besonderheiten. Zum Zeitpunkt und während der Prüfung hatte niemand von ihnen asthenopische Beschwerden. Der statistische Vergleich ergab für beide Arten des Raumsehens keinen signifikanten Unterschied im Vergleich zu den Personen der Reihenuntersuchung. 4 Personen gaben an, daß ihre asthenopischen Beschwerden vornehmlich bei langen Autofahrten auftreten würden, also bei einer Beschäftigung, bei der das Bewegungssehen dominiert und erhöhte Anforderungen an die dynamische Stereo-Sehschärfe zu stellen sind. Auch bei diesen 4 Personen lag die dynamische Raumsehschärfe im Bereich des Normalen und schied somit als Ursache der Asthenopie aus.

8. VERGLEICH ZWISCHEN DYNAMISCHER STEREO-SEHSCHÄRFE UND BEWEGUNGSPARALLAKTISCHER RAUMSEHSCHÄRFE

Zusammenfassung: Trägt man die Schwellenwerte für dynamische (dyn.) Stereoskopie und dyn. Parallaktoskopie zusammen in ein Diagramm ein, so wird folgendes deutlich: Die dyn. Stereoskopie führt zwar zu einer sehr präzisen räumlichen Feinorientierung, versagt aber schon bei mittleren Geschwindigkeiten; die dyn. Parallaktoskopie zeigt gröbere Sehleistungen, ist aber relativ unabhängig von der Geschwindigkeit und ermöglicht somit bei schnellen Geschwindigkeiten eine wesentlich bessere räumliche Orientierung. Bei niedrigen Geschwindigkeiten ist die dyn. Stereoskopie etwa 3mal so leistungsfähig wie die dyn. Parallaktoskopie. Etwa bei langsamem Fußgängertempo sind beide gleichgestellt. Bei artifiziell herabgesetzten Sehschärfen wird der Wirkungsbereich beider Raumsehfunktionen deutlich eingeengt, bei stärkeren Sehschärfenherabsetzungen allerdings weniger als zu erwarten und keinesfalls parallel der Sehschärfe. Bei stark herabgesetzten Leuchtdichten bleibt die dyn. Parallaktoskopie im Gegensatz zur dyn. Stereoskopie relativ lange intakt.

8. Comparison between Dynamic Stereoscopic Visual Acuity and Kinetic Parallactic Visual Acuity

Summary: When the threshold values for dynamic stereoscopy and dynamic parallactoscopy are passed together into a diagram, the following facts become evident: the dynamic stereoscopy certainly led to a very precise fine spatial orientation, but it fails already at average velocities; the dynamic parallactoscopy shows coarser visual powers, but is relatively independent of the speed and thus renders possible an essentially better spatial orientation at rapid velocities. At low velocities the dynamic stereoscopy is about thrice as efficient as the dynamic parallactoscopy. Possibly at a slow pedestrian's speed the two are equalized. In artificially reduced visual acuities the range of activity of the two stereoscopic visual functions is clearly restricted, in greater reductions of the visual acuity, however, it is less restricted than to be expected, and is in no case parallel to the visual acuity. In much reduced light-densities the dynamic parallactoscopy remains intact for a relative long time in contrast to the dynamic stereoscopy.

Für praktische Belange ist das Verhältnis und das Zusammenwirken von Stereoskopie und Bewegungsparallaktoskopie von großer Bedeutung. Durch einen Vergleich kann dargestellt werden, wann die dynamische Stereoskopie mit der dynamischen Stereo-Sehschärfe als Leistungsgrenze und wann die dynamische Parallaktoskopie mit der bewegungsparallaktischen Raumsehschärfe als Leistungsgrenze für die räumliche Orientierung jeweils bestimmend ist, in welchen Bereichen die eine oder andere Sehleistung nicht ausreichend ist und wann sich beide ergänzen. Dies ist besonders wichtig in Situationen, in denen beide durch hemmende Faktoren wie z. B. herabgesetzte Sehschärfe oder Dämmerung eingeschränkt sind.

Im folgenden sollen die visusensorischen Leistungen der dynamischen Stereo-Sehschärfe auf der Basis der Stellungsparallaxe beider Augen als Funktion der Stereoskopie einerseits und die Raumsehschärfe auf der Basis der auch monokular möglichen Bewegungsparallaxe als Funktion bewegungsparallaktischen Raumsehens andererseits analysiert werden. Andere Formen des Raumsehens sind nur fallweise von Bedeutung, dann aber zum Teil entscheidend genauer sowohl in Vergleich zur dynamischen Stereoskopie als auch zur dynamischen Parallaktoskopie.

Ein Vergleich zwischen dynamischer Stereo-Sehschärfe und bewegungsparallaktischer Raumsehschärfe ist allerdings an sich, vor allem von sensorischen Gesichtspunkten her betrachtet, nicht ohne weiteres möglich, da ganz unterschiedliche Sinnesqualitäten die Schwellen der beiden Wahrnehmungsformen beeinflussen. Immerhin entspricht ein solcher Vergleich vielen alltäglichen Erfordernissen, vor allem im Hinblick auf Berufstauglichkeit, Begutachtungsmaßstäbe, Verkehrsunfallursachen u. a. m.

Am schwierigsten ist bei einem solchen Vergleich die Kompensation der unterschiedlichen Prüfungsbedingungen. Die dynamische Stereo-Sehschärfe wird beispielsweise in kreisförmiger, die dynamische parallaktische Raumsehschärfe aber in linearer Bewegung ermittelt. HONEGGER, SCHAEFER und JAEGER (1969) fanden für die dynamische Sehschärfe bei geradliniger Darbietung der Optotypen etwa 4mal bessere Ergebnisse als bei kreisförmigen Bewegungen. Wenn diese Relation auch nur eine ungefähre ist und nur für die dynamische Sehschärfe ermittelt wurde, so ist doch wahrscheinlich, daß sie im großen und ganzen für alle Formen des Bewegungssehens anwendbar ist. Deshalb wurden die Schwellen der dynamischen Stereo-Sehschärfe mit dem Faktor 4 korrigiert.

Die halbschematischen Abbildungen 24 bis 27 setzen beide Raumsehfunktionen bildlich in Vergleich; dabei ergeben sich einige wichtige Unterscheidungsmerkmale zwischen beiden. Der Bereich, der von beiden visuellen dynamischen Wahrnehmungsformen dreidimensional beurteilt werden kann, ist schraffiert gezeichnet. Der stereoskopisch erfaßbare Raum (oberhalb und links von Kurve a) führt zu einem beachtlich präzisen Raumsehen im Bereich von 10″—75″ (d. h. in einer Prüfungsentfernung von 5 m eine Tiefendistanz von etwa 20—130 mm), allerdings bei nur relativ langsamen Bewegungsgeschwindigkeiten der Sehobjekte (Abb. 24). Der Bereich des dynamischen parallaktischen Sehens lagert sich bei größeren räumlichen Distanzen über

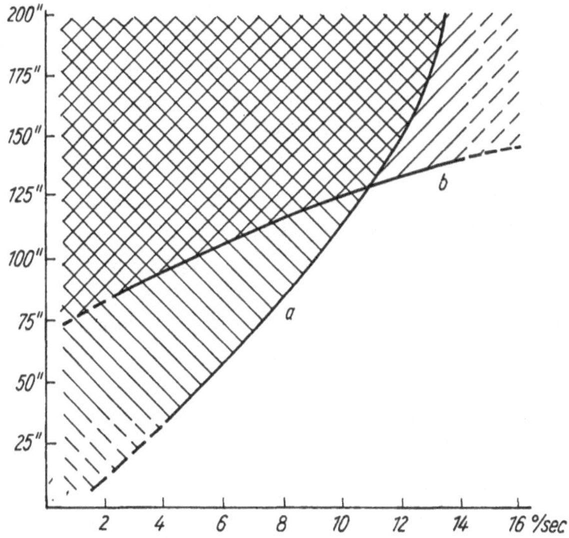

Abb. 24. Halbschematische Darstellung der Wirkungsbereiche der dynamischen Stereoskopie (Mittelwertkurve a) und dynamischen Parallaktoskopie (Mittelwertkurve b) unter optimalen Sehbedingungen. Der gekreuzt schraffierte Bereich ist von beiden Arten des Raumsehens zu erfassen, der unschraffierte Bereich ist von beiden nicht zu erfassen. Abszisse: Wegstrecke in °/sec (s. Tab. 5). Ordinate: Raumsehschärfe in Winkelsekunden.

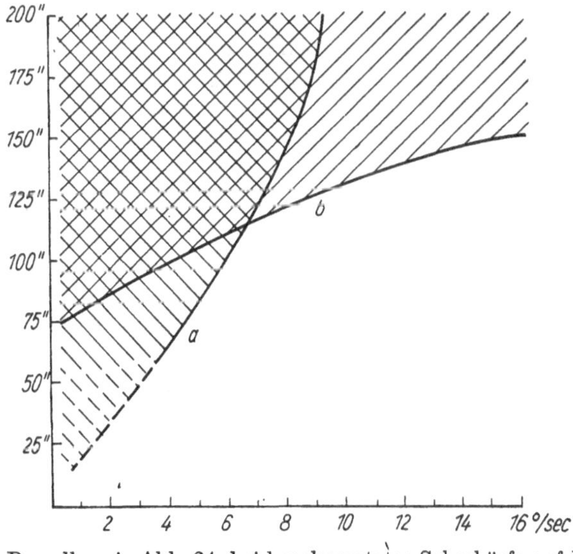

Abb. 25. Dasselbe wie Abb. 24, bei herabgesetzter Sehschärfe auf V = 0,25.

den stereoskopisch beurteilbaren Raum, zeigt aber bei Geschwindigkeiten etwa ab 14°/sec (in einer Prüfungsentfernung von 5 m etwa 1,25 m/s bzw. 4,5 km/h) eine deutlich breitere, umfassendere Leistungsfähigkeit.

Unterhalb und rechts von beiden Kurven, also im nichtschraffierten Bereich, bleibt ein Areal, das bei Zunahme der Geschwindigkeiten stetig größer wird; in ihm ist eine räumliche Lokalisation auf den Grundlagen weder der dynamischen Stereoskopie noch der subjektiven Bewegungsparallaktoskopie möglich, hier wird also unplastisch gesehen, sofern nicht andere empirische Faktoren der Raumwahrnehmung eine dreidimensionale Beurteilung ermöglichen. Der Raum, in dem beide Wahrnehmungsformen zur Geltung kommen (gekreuzt schraffiert), vergrößert sich mit zunehmenden Distanzunterschieden der Sehobjekte trotz höherer Geschwindigkeiten.

Die dynamische Stereo-Sehschärfe ist in einem hohen Maße von der Geschwindigkeit abhängig, was durch die abnehmende Sehschärfe bei bewegten Objekten allein nicht zu erklären ist (s. Kap. 2.1.). Bei der Bewegungsparallaktoskopie spielt hingegen die Geschwindigkeit eine wenig entscheidende Rolle, solange die geschwindigkeitsabhängige dynamische Sehschärfe zum Erkennen des Objektes und der parallaktischen Verschiebung ausreicht.

Die Leistungsfähigkeit der Parallaktoskopie beträgt bei niedrigen Geschwindigkeiten etwa ein Drittel der dynamischen Stereo-Sehschärfe. Doch schon bei Geschwindigkeiten von 10°/sec (das entspricht einem langsamen Fußgängertempo) ist die bewegungsparallaktoskopische Raumsehschwelle der Schwelle der stereoskopischen Tiefensehschärfe etwa gleich. Wenn man aus einem langsam fahrenden Auto nach der Seite auf eine 5 m entfernte Hausfront blickt, ist die dynamische Parallaktoskopie bereits deutlich besser als die dynamische Stereoskopie. Bei höheren Geschwindigkeiten ist die Tiefenbeurteilung mittels Parallaktoskopie jener durch die dynamische Stereoskopie um ein Vielfaches überlegen. Aktive und passive bewegungsparallaktische Raumsehschärfe (s. Kap. 4.2.1.) unterscheiden sich dabei nur unwesentlich.

Die dynamische Stereoskopie deckt bei langsamen Bewegungen die dreidimensionale Feinorientierung weitgehend ab; die Präzision des Raumsehens wird im Bereich der Querdisparationen bis 75″ (d. h. in einer Prüfungsentfernung von 5 m eine Tiefendistanz von etwa 130 mm) vorwiegend von der dynamischen Stereoskopie bestritten. Die bewegungsparallaktische Raumsehschärfe zeigt den größeren Effekt für das dreidimensionale Sehen ab 125″ (d. h. in einer 5-m-Entfernung bei einer Beobachtungsstrecke von 40 cm eine Tiefendistanz von etwa 35 mm), sofern gut sichtbare Testobjekte Verwendung finden. Unter den Sehbedingungen des täglichen Lebens ist allerdings die dynamische Stereo-Sehschärfe vermutlich besser als am Stäbetest, wie die Prüfung mit 2 tiefendistanten Flächen bewiesen hat (s. Kap. 5.2.6.).

Unter den Bedingungen einer herabgesetzten Sehschärfe und bei herab-

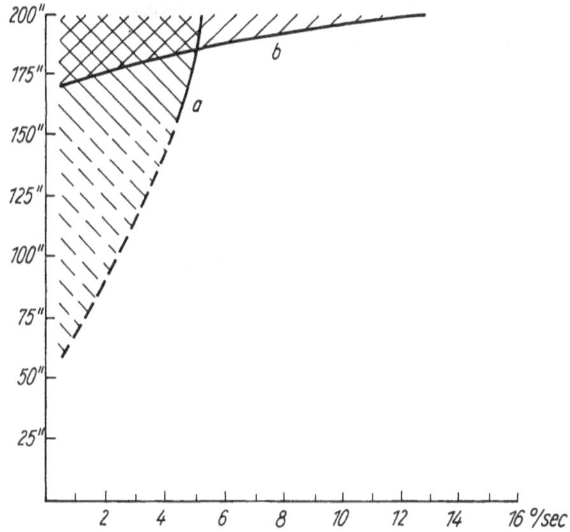

Abb. 26. Dasselbe wie Abb. 24, bei experimentell herabgesetzter Sehschärfe auf V = 0,1.

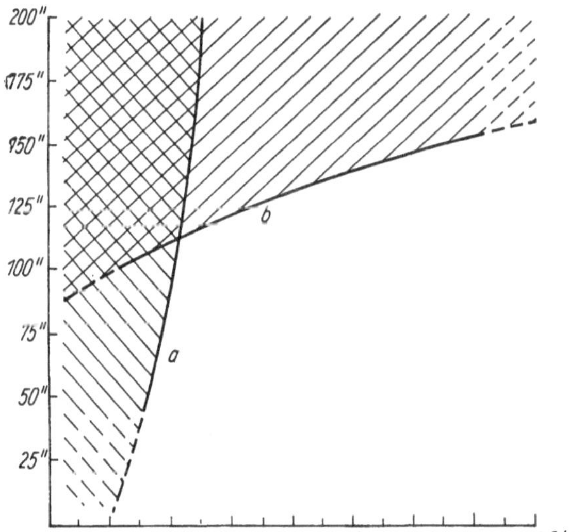

Abb. 27. Dasselbe wie Abb. 24, bei herabgesetzter Leuchtdichte auf 0,3 cd/m².

gesetzten Leuchtdichten verschieben sich die Größenordnungen wesentlich: Der Bereich, in dem keinerlei räumliche Wahrnehmung mehr besteht, wird in beiden Situationen zunehmend größer, wobei die Stereoskopie stärker in Mitleidenschaft als die dynamische Parallaktoskopie gezogen wird.

Bei Sehschärfen von V = 0,25 (Abb. 25) bleibt das bewegungsparallaktische Raumsehen im Vergleich zur unbeeinflußten Sehschärfe etwa konstant; die dynamische Stereo-Sehschärfe ist indessen bereits deutlich reduziert. Bei einer Sehschärfenherabsetzung auf V = 0,1 (Abb. 26) ist auch das bewegungsparallaktische Raumsehen weit eingeengt; die dynamische Stereo-Sehschärfe hat sich nicht wesentlich weiter verschlechtert. Beim Sehen im täglichen Leben bleibt mit abnehmender Sehschärfe bei deutlicher Sichtbarkeit der Sehobjekte und langsamen Geschwindigkeiten die dynamische Stereoskopie bei der Wahrnehmung geringer Tiefendistanzen bemerkenswert lang dominierend.

Bei Herabsetzung der Leuchtdichten auf 0,3 cd/m^2 (d. h. kurz vor dem Beginn des Dämmerungssehens) ist der Raum, in dem stereokopisch noch gesehen werden kann, sehr zusammengeschrumpft; die dynamische Parallaktoskopie zeigt hingegen kaum Einschränkungen ihres Leistungsbereiches (Abb. 27).

9. SCHLUSSFOLGERUNGEN

Zusammenfassung: Zwischen der räumlichen Sehleistung bei ruhenden und bei bewegten Objekten bestehen relativ wenig Parallelen, so daß in entsprechenden Fällen eine dynamische (dyn.) Sehprüfung zusätzlich erforderlich wird. Das betrifft sowohl die dyn. Stereoskopie als auch die dyn. Parallaktoskopie, für deren Prüfung sich das binokulare Prismen-Rotationsgerät bzw. das Parallaktoskopometer als gut geeignet erwiesen haben. In der Verkehrs-, Arbeits- und Sportmedizin sollte bei speziellen Erfordernissen auch die Leistung der Raumsehschärfe in der physiologisch unlösbaren Verflechtung mit der Okulomotorik geprüft werden.

9. Conclusions

Summary: There are relatively few parallels between the spatial visual power in resting and moving objects, so that in adequate cases a dynamic vision test becomes additionally necessary. This concerns both the dynamic stereoscopy and the dynamic parallactoscopy, for the control of which the binocular prism rotation device and the parallactoscopometer proved well suitable. In transport, occupational and sports medicine at special requirements also the performances of the stereoscopic visual acuity in the physiologically insoluble connection with the oculomotoricity should be tested.

Obgleich sich vieles am Arbeitsplatz, in der Umwelt und hier besonders im Straßenverkehr dreidimensional bewegt und die visuelle Wahrnehmung eines Bewegungsvorganges eine entscheidende Bedeutung für einige berufliche Leistungen und für die Straßenunfallfrequenz besitzt, ist das räumliche Sehen von bewegten Objekten bislang noch nie systematisch untersucht worden. Sehen und Bewegung sind sehr eng miteinander verbunden; dennoch wird bislang aus Gründen der Praktikabilität der Faktor der Bewegung bei allen Untersuchungen des Sehvermögens außer acht gelassen, d. h. mit stillstehenden, unbeweglichen Sehtests geprüft und damit auf eine arbeitsplatz- und verkehrsgerechte Analyse verzichtet.

Zwischen dem Sehvermögen bei ruhenden und bei bewegten Objekten besteht durchaus keine Parallelität, wie schon die Untersuchungen über die monokulare dynamische Sehschärfe bewiesen haben (Ludvigh und Miller, 1958; Jaeger und Honegger, 1964). Keinesfalls hat derjenige, der eine gute statische Sehschärfe besitzt, zwangsläufig auch ein gutes dynamisches Sehvermögen, was für die Feststellung von Tauglichkeiten zu bestimmten Berufen zweifellos einen entscheidenden Gesichtspunkt darstellt. Für die dynamische Raumsehschärfe trifft das gleiche zu.

Das dynamische räumliche (dreidimensionale) Sehen beruht auf 2 optosensorischen Fähigkeiten: Der binokularen Stereoskopie und der auch monokular möglichen Bewegungsparallaktoskopie. Die enorme Präzision des dynamischen Stereosehens, zu deren Messung sich das neuentwickelte binokulare Prismen-Rotationsgerät (s. Kap. 3.1.) als gut geeignet erwiesen hat, dominiert besonders im Nahraum, bestenfalls bis zu einer Entfernung von 10 m. Bei Entfernungen ab 10 m ist — neben anderen empirischen Faktoren der Raumwahrnehmung — die dynamische Parallaktoskopie (das Sehen bewegter Objekte auf Grund der Bewegungsparallaxe) entscheidend, für deren Prüfung sich das neuentwickelte Parallaktoskopometer (s. Kap. 3.2.) bewährt hat.

Die dynamische Stereo-Sehschärfe stellt eine sehr subtil und sensitiv reagierende, bemerkenswert komplizierte Sinnesleistung dar, die auf Stereoskopie, binokularer Fixation, motorischer und sensorischer Fusion sowie der Fähigkeit zu Augenfolgebewegungen beruht. Diese Basisfaktoren sind auch bei Normalsichtigen sehr variabel, und somit zeigt auch die dynamische Stereo-Sehschärfe eine relativ große Variationsbreite. Allerdings stößt die Stereoskopie schnell an enge Grenzen, die u. a. von den assoziativen Leistungen des Zentralnervensystems abhängen, das die zweidimensionalen querdisparaten Abbildungen auf den Netzhäuten beider Augen in eine dreidimensionale Empfindung transformiert.

Das räumliche Sehen auf Grund der Bewegungsparallaxe, die dynamische Parallaktoskopie, ist die phylogenetisch ältere und demzufolge auch stabilere visuelle Befähigung zur Erfassung einer räumlichen Situation. Bei langsamen Geschwindigkeiten liegt ihre sensorische Exaktheit um ein Mehrfaches unter jener der dynamischen Stereoskopie; bei mittleren und schnellen Geschwindigkeiten nimmt sie aber eine absolut dominierende Stellung ein. Sie basiert im wesentlichen auf dem Fixationsvermögen bei Augenfolgebewegungen und der monokularen Sehschärfe bzw. der Sehschärfe des besseren Auges, falls das zweite Auge sehgemindert ist.

Beide Komponenten des räumlichen Sehens und ihre sensorische Leistungsfähigkeit sind nicht allein von ophthalmologischem und sinnesphysiologischem Interesse. Eine besondere Beziehung besteht unverkennbar zu arbeits- und verkehrsmedizinischen Aspekten. Parallel zum technischen Fortschritt sind die visuellen Anforderungen für eine ganze Reihe von Tätigkeiten und Berufen erheblich angestiegen (MERTÉ, 1978), und es wird immer mehr notwendig, spezifische Eignungskriterien für die einzelnen Arbeitsprozesse zu finden, auch bezüglich des dynamischen räumlichen Sehens, das bislang in fast allen professionalen Tauglichkeitsbestimmungen des In- und Auslandes unbeachtet geblieben ist, zumindest was leistungsbezogene und methodische Festlegungen anbelangt (Broschmann, 1981). Für eine ganze Reihe von Tätigkeiten sollte auch die Raumsehschärfe für bewegte Objekte einbezogen werden.

Jede Herabsetzung der dynamischen Raumsehschärfe kann Ursache einer unzulänglichen visusensorischen Information werden und erhält damit unmittelbare arbeits- und verkehrsmedizinische Relevanz. Wer die Normalleistung bei der dreidimensionalen Orientierung nicht erreicht, ist von vornherein benachteiligt, denn er leistet visuell fallweise und situationsbedingt nicht das, was Sicherheitsbestimmungen, Maschinen, Apparate u. a. m. verlangen.

Eine Vorzugsstellung bei der Diskussion praktischer Probleme speziell der dynamischen Stereo-Sehschärfe nimmt der *Kraftfahrzeugverkehr* ein. Werden stereoskopisch Sehende plötzlich einäugig, dann stellen sich bei der Beteiligung am Straßenverkehr, besonders bei langsamem Kolonnenfahren, beim Einordnen in Parklücken, beim Zurücksetzen, beim Abschätzen geringer Entfernungen, beim Fahren durch enge bzw. infolge abgestellter Kraftwagen eingeengter Straßen, beim Passieren von Toreinfahrten, beim Überholvorgang u. a. m. bemerkenswerte Unsicherheiten ein (Aulhorn, 1976). Allerdings kommt es zu einer altersabhängigen Gewöhnung an die Einäugigkeit (Heydenreich und Wittwer, 1981), die aber den Verlust des stereoskopischen Sehens nicht ersetzen kann. Im fließenden Verkehr sind einäugig gewordene Personen hingegen wenig oder gar nicht benachteiligt. Gutes stereoskopisches Sehen im Straßenverkehr ist in einem Bereich bis zu 20 m besonders wichtig (Broschmann, 1981; Hartmann und Stöcker, 1983). Aber auch noch bis 50 m schätzt Piper (1969) die Bedeutung der Stereoskopie hoch ein, Heinsius (1964) sogar bis 90 m. In sehr weiter Objektentfernung hört die praktische Verwertbarkeit stereoskopischer Eindrücke völlig auf.

Die Raumwahrnehmung bei Bewegungsvorgängen im Straßenverkehr wird bei hohen Fahrgeschwindigkeiten durch die Bewegungsparallaxe abgesichert. Vorteilhaft wirkt sich im Straßenverkehr aus, daß sich die wichtigsten Beobachtungsobjekte, vornehmlich die anderen Fahrzeuge, ebenfalls bewegen, so daß daraus eine Summierung mehrerer räumlicher Eindrücke resultiert. Stereoskopisches Sehen ist im Straßenverkehr nur eine zusätzliche, wenn auch nicht unwichtige sensorische Absicherung (Dubois-Poulsen, 1969; Schumann, 1959; Broschmann, 1977, 1981). Mangelhafte dynamische Stereoskopie hat nicht zuletzt auch Folgen für die Wirtschaftlichkeit der Fahrweise, weil weniger großzügig und mehr ängstlich gefahren sowie öfter gebremst bzw. beschleunigt wird.

Ein *Lokomotivführer* hat hingegen nur Objekte genau vor sich im Blickfeld zu beurteilen. Für ihn spielt die dynamische Raumsehschärfe eine höchst untergeordnete Rolle. Das trifft allerdings nicht für den Rangierdienst zu (VESPER, 1965).

Für *Motorflieger* ist stereoskopisches Sehen nicht unabdingbar. Sie haben es ausnahmslos mit schnellen Bewegungen und weiten Entfernungen zu tun, bei denen das bewegungsparallaktische Sehen wichtiger ist als die Stereoskopie (EPSTEIN und TREDICI, 1973). Dem entspricht, daß nach Verbinden eines Auges Berufs- und Privatpiloten keine Insuffizienzen zeigen, Stereoskopie somit für Flieger so etwas ähnliches wie ein „Luxusgut" darstellt (AICHMAIR, 1983; GROSSLIGHT, FLETSCHER, MASTERTON und HAGEN, 1978). Allerdings haben MAYER und LANE (1973) bei einäugig im Vergleich zu beidäugig sehenden Piloten gefunden, daß in die Beinahe- und tatsächlichen Unglücksfälle mehr Flugpiloten ohne Stereoskopie als solche mit Stereoskopie verwickelt waren. Sport- und Segelflieger, Fallschirmspringer, Hubschrauberpiloten u. a. m. sind demgegenüber auf das Beurteilen bei bewegten Objekten und auf die dynamische Stereoskopie sehr angewiesen (HONEGGER, 1966), besonders beim Landen auf engem Raum.

Bei *Schallgeschwindigkeit* sind Visusensorik und Okulomotorik in jeder Hinsicht überfordert. Hohe Fluggeschwindigkeiten lassen ohnehin ausreichende Zeit zur sensorischen Verwertung des Gesehenen nicht zu: Zwischen optischer Irritation der Netzhaut und der Reaktion auf das Wahrgenommene liegt bei Schallgeschwindigkeit eine Flugstrecke (blinde Strecke) von etwa 300 bis 500 m, Akkommodation, Augenbewegungen, binokulare Fusion, Fixation u. a. m. nicht mit eingerechnet.

Die dynamische Stereo-Sehschärfe spielt bei mehreren *Sportarten* eine wichtige Rolle (RÖMHILD, 1983; TRACHTMANN, 1973). Ausgeprägt ist die Notwendigkeit, prompt und exakt räumlich zu lokalisieren, besonders bei Ball- und Puckspielen, beim Weit- und Hochsprung, beim Skispringen und -laufen sowie beim Segelflugsport. Bei weiterer Erschwerung des Leistungswettbewerbes im Spitzensport wäre es zweifellos nützlich, wenn in einigen Sportarten auch eine Prüfung der dynamischen Raumsehschärfe in die Tauglichkeitsprüfungen vor Aufnahme eines spezifischen Trainingsprogramms in den Sportzentren vorgenommen würde.

Eine gute Raumsehschärfe für bewegte Objekte erleichtert aber auch jeden Greifvorgang, weil die Bewegung der Hand visuell gesteuert werden muß (NOLL, 1973).

Die Überzeugung setzt sich immer mehr durch, daß zur Beurteilung komplizierter Leistungen des Sehprozesses und bei entsprechenden visuellen Anforderungen die klassischen Untersuchungsmethoden der Ophthalmologie nicht mehr ausreichen (SCHOBER, 1972, 1976) und daß Untersuchungsmethoden, in denen mehrere Leistungen des zentralen Nervensystems kombiniert geprüft werden, erforderlich sind (BACKMAN, 1972). Prinzipiell sprechen alle Gründe, die von den Untersuchern der monokularen dynamischen Sehschärfe als Ausgangspunkt ihrer Untersuchungen angeführt worden sind, auch für eine Prüfung der dynamischen Raumsehschärfe, also der dynamischen Stereoskopie und der dynamischen Parallaktoskopie. Der wichtigste Grund hierfür ist die Feststellung, daß zwischen statischen und dynamischen Sehleistungen nur lockere Zusammenhänge bestehen (WEISSMANN und FREEBURN, 1965).

SCHOBER (1972) hat mit Recht eine Methodenkritik für die Prüfung des Gesichtssinnes bei arbeits- und verkehrsmedizinischen Untersuchungen gefordert, ebenso COMBERG (1953) sowie OTTO und HÖLLMÜLLER (1969), um wirklichkeitsnahe Ergebnisse der ärztlichen Untersuchung zu erhalten: Die Sensorik sollte soweit wie möglich in der unlösbaren physiologischen Verflechtung mit gleichzeitigen okulomotorischen Leistungen belassen werden. Schon HERING hat 1879 darauf hingewiesen, daß das Sehen mit unbewegtem Auge im Grunde ein unnatürlicher Zustand ist, den wir unserem Sehorgan nur zum Zwecke ärztlicher Untersuchung abnötigen. Zweifellos würden dynamische Sehprüfungen eine noch bessere Beurteilung der Sehleistung erlauben (METHLING und WERNICKE, 1969; SÖLLNER, 1961). Berufe, in denen ein ausgezeichnetes Raumsehen nur bei Beobachtung von ruhenden Objekten erforderlich ist, sind relativ selten.

Die große Zahl der Abhandlungen über die dynamische Sehschärfe läßt vermuten, daß in nicht allzu ferner Zeit auch die dynamische Raumsehschärfe in die Praxis der augenärztlichen Untersuchung bestimmter Berufsgruppen, für die ein hochwertiges dreidimensionales Sehen bei bewegten Objekten erforderlich ist, aber auch zur Abklärung bestimmter Versagenshaltungen bei gutachterlichen Beurteilungen einbezogen wird. Es ist gewiß kein Zufall, daß die ersten systematischen Untersuchungen der dynamischen Sehschärfe nicht wegen sinnesphysiologischen oder klinischen Interessen, sondern von LUDVIGH (1949) sowie von LUDVIGH und MILLER (1958) an Marinefliegerkadetten wegen sehr praktischer Erfordernisse vorgenommen worden sind.

Sowohl das binokulare Prismen-Rotationsgerät als auch das Parallaktoskopometer lassen sich relativ leicht herstellen, desgleichen der dazugehörige Drei- bzw. Vierstäbetest. So bestehen nur geringe Hemmnisse, um in die Eignungsprüfungen für spezielle Tätigkeiten auch die dynamische Raumsehschärfe einzugliedern, zumal eine solche Prüfung nur in wenigen arbeits-, verkehrs- und sportmedizinischen Zentren erfolgen müßte. Für eine Analyse der dynamischen Raumsehschärfe kann, sowohl was die sinnesphysiologischen Grundlagen als auch was die arbeitsmedizinischen Folgerungen anbelangt, die gleiche Feststellung gelten, die HONEGGER, SCHAEFER und JAEGER (1969) bezüglich der Sehschärfe für bewegte Objekte getroffen haben: „Die Sehschärfe für bewegte Objekte gewinnt zur Zeit zunehmend an Interesse. Ohne Zweifel ergänzt eine solche funktionelle Untersuchung der Sehschärfe unsere Kenntnisse über die Leistung des Auges wesentlich."

Dies entspricht der erst 1984 erhobenen Forderung einer neugegründeten Arbeitsgruppe der Weltgesundheitsorganisation (Regionalbüro für Europa), die sich mit dem Problem der durch medizinische Faktoren ausgelösten Verkehrsunfälle und den damit zusammenhängenden Lücken im derzeitigen Erkenntnisstand beschäftigt. Die Expertengruppe hebt hervor, daß eine Prüfung lediglich des statischen Wahrnehmungsvermögens unzulänglich ist, sondern daß zur Unfallverhütung hauptsächlich das dynamische Sehen Bedeutung besitzt und dabei nicht zuletzt die stereoskopische Sehschärfe.

Wie die Entwicklung auf diesem Gebiet auch verlaufen mag, die mitgeteilten Untersuchungsergebnisse haben deutlich gemacht, daß die Sensomotorik ein wichtiger Faktor bei der visuellen Feinorientierung über Situationen und Bewegungsabläufe von Objekten in der 3. Dimension ist und daß sie auf Störfaktoren sehr subtil reagiert. Leistungsminderungen der dynamischen Raumsehschärfe sind nicht mit den bislang in der Ophthalmologie üblichen, routinemäßig durchgeführten Untersuchungsmethoden zu erfassen.

LITERATURVERZEICHNIS

1. Adamson, J. (1951): Ocular scanning and depth perception. Nature (Lond.) **168**, 345–347
2. Aichmaier, H. (1983): Die Bedeutung des Stereosehens im Alltag. In: Schielbehandlung **14**, 64–71
3. Anderson, E. E., Weymouth, F. W. (1923): I. Retinal mean local sign – an explanation of the fineness of binocular perception of distance. Amer J Physiol **64**, 561–567
4. Andree, G. (1977): Die Leistungsfähigkeit des beidäugigen Sehens. Wehrmed Wschr **21**, 304–308
5. Anstis, S. M., Reinhardt-Rutland, A. H. (1976): Interactions between motion aftereffects and indused movement. Vision Res **16**, 1391–1394
6. Aschenbrenner, C. M. (1954): Problems in getting informations into and out of air photographs. Photogramm Engng **20**, 398–401
7. Aulhorn, E. (1971): Psychophysische Grundlagen des Binokularsehens. Bericht 4. Kongr Dtsch Ges Kbern. Springer, Berlin, Heidelberg, New York, S. 262–275
8. Aulhorn, E. (1976): Funktionsprüfung des Auges zur Feststellung der Kraftfahreignung. In: Straub, W., Die ophthalmologischen Untersuchungsmethoden. Bd 2. Enke, Stuttgatrt, S. 922–990
9. Aust, W. (1978): Fusionsbreitenbestimmung bei monokular und binokular reduziertem Visus. Klin Mbl Augenheilk **173**, 671–674
10. Avetissov, E. S. (1978): Diploptik – Ein prinzipiell neues System der Behandlung des Strabismus concomitans. Klin Mbl Augenheilk **172**, 686–694
11. Backman, H. (1972): Monocular and binocular visual ability in nocturnal driving visibility. Amer J Optometry **49**, 680–684
12. Banks, M. S., Aslin, R. N., Letson, R. D. (1975): Sensitive period for the development of human binocular vision. Science **190**, 675–677
13. Baumgartner, F. (1978): Sinnes- und neurophysiologische Organisationsprinzipien des visuellen Systems. Klin Mbl Augenheilk **173**, 457–464
14. Behrens, F., Grüsser, O. J. (1977): Bewegungswahrnehmung und Augenbewegungen bei Flickerbelichtung unbewegter visueller Muster. Sitzungsbericht. DOG. Neurophysiologie und Klinik der Augenbewegungsstörungen. Symposium Freiburg/Breisgau
15. Best, F. (1949): Zur Prüfung des stereoskopisch-räumlichen Sehens. Graefes Arch Ophthal **149**, 413–430
16. Beuningen, E. van (1949): Die Änderung von Sinnesleistungen durch Übung in

ihrer Bedeutung für klinisch-ophthalmologische Untersuchungen. Graefes Arch Ophthal **149**, 460–489

17. BISHOP, P. O. (1975): Binocular vision. In: Adler's Physiology of the eye. Mosby, St. Louis 6. Aufl S. 558–614
18. BISHOP, P. O. (1977): Orientation and Position Disparities in Stereopsis. In: COOL, S. J., SMITH, E. L. (Hrsg), Frontiers in visual science. Springer, New York, Heidelberg, Berlin S. 176–189
19. BLAKE, R. (1977): Spatial vision in the cat. In: COOL, S. J., SMITH, E. L. (Hrsg), Frontiers in visual science. Springer, New York, Heidelberg, Berlin, S. 209–217
20. BOCKELMANN, W. D. (1982): Auge, Brille, Auto. Karger, Basel
21. BOURDY, C. (1974): L'acuité stéréoscopique, test de correspondance rétinienne normale, étude ses variations dans la région fovéale. Ann Oculist (Paris) **207**, 651 bis 661
22. BROSCHMANN, D. (1977): Sehstörungen und Kraftfahrtauglichkeit, Wiss Z Humboldt-Univ Berlin **26**, 205–206
23. BROSCHMANN, D. (1981): Spezielle Probleme bei Sehanforderungen im Verkehrswesen. Auge und Beruf. Wiss Beitr Friedrich-Schiller-Univ Jena, S. 155
24. BROSCHMANN, D. (1982): Methodenoptimierung bei der MDV-augenärztlichen Tauglichkeitsuntersuchung. Verkehrsmed 29: 95–100
25. BURG, A. (1964): An investigation of some relationship between dynamic visual acuity, static visual and driving record. Report Univ California **64**, 18
26. BURG, A. (1965): Apparatus for measurement of dynamic visual acuity Perc und Motor skills **20**, 231–233
27. BURG, A. (1966): Visual acuity as measured by dynamic and static tests. J Appl Psychol **50**, 460–466
28. CAMPOS, E. C., ENOCH, J. M. (1980): Amount of aniseikonia compatible with fine binocular vision some old and new concepts. J pediat Ophthal **17**, 44–47
29. CHEVALERAUD, J.-P., BRENNEISEN, Ch., SANTUCCI, F.-G. (1975): Etude comparative des résultats au Wirt, au stéréoscope et au T. N. O. Bull Soc Ophtal Fr **75**, 757–760
30. COLAJANNI, G. (1939): Visione binoculare e pereezione della profondità. Riv med. aeronaut **2**, 240–246
31. COLENBRANDER, M. C. (1949): The accuracy of depth-perception the through movement parallax. Ophthalmologica (Basel) **118**, 1039–1041
32. COMBERG, W. (1953): Blickfeld und Umblickfeld des Auges. Ber Dtsch Ophthal Ges **58**, 6–15
33. CORDS, R. (1912): Bemerkungen zur Untersuchung des Tiefenschätzungsvermögens. Z Augenheilk **27**, 346–354
34. CREUZFELDT, O. (1979): Repräsentation der visuellen Umwelt im Gehirn. In: Verh Dtsche Zool Ges Fischer, Stuttgart, S. 5–18
35. CRONE, R. A. (1973): Diplopia. Excerpta Medica, Amsterdam
36. DAVIDSON, M. (1935): A simple device for measuring stereopsis. Amer J Ophthal **18**, 356
37. DECKER, W. de, HAASE, W. (1976): Subnormales Binokularsehen — Versuch einer Einteilung des Mikrostrabismus. Klin Mbl Augenheilk **169**, 182–195

38. Decker, W. de, Scheffel, T. (1978): Simultaneous investigation of fixation disparity, stereothreshold and horopter balance. Graefes Arch Ophthal **207**, 97–109
39. Dehler, H. (1967): Sehschärfe und verwandte Fragen. In: 10 Jahre Forschung für besseres Sehen. Institut für med Optik, München, S. 78–86
40. Dieker, P., Honegger, H. (1968): Registrierungen von kreisförmigen Augenbewegungen. Ber Dtsch Ophthal Ges 68: 477–479
41. Ditchburn, R. W., Ginsborg, B. L. (1953): Involuntary eye movement during fixation. J Psychol **119**, 1–19
42. Doege, E., Krause, O. (1977): Ein neuer Weg zur binokularen Funktionsprüfung. Folia ophthal **2**, 199–202
43. Dowrick, P. W. (1975): Stereopsis maintained with identical stimulation to both eyes. Quart J exp Psychol **27**, 479–486
44. Drischel, H. (1961): Über den fixationsregelnden Apparat des menschlichen Auges. In: Mittelstaedt, H. (Hrsg): Regelvorgänge in lebenden Wesen. Oldenbourg, München
45. Dubois-Poulsen, A. (1968): La fatigue visuelle. III. Kongr Europ Ges Ophthal, Amsterdam, S. 157–161
46. Ebbecke, U. (1948): Über eine Umwandlung des Gesichtsfeldes bei Dauerexposition. Pflügers Arch Physiol **249**, 87–93
47. Feldes, D., Römhild, H. (1981): Kritik an der Durchführung des 3-Stäbchentests. Folia ophthal **6**, 55–59
48. Florentini, A., Maffei, L. (1970): Electrophysiological evidence for binocular disparity detectors in human visual system. Science **169**, 208–211
49. Forbös, T. W., Snyder, T. E., Pain, R. F. (1965): Traffic sign requirements. Review of factors involved, previous studies and needed research. Highway Research Record **70**, 48–54
50. Forde, J., Mac Kinnon, G. E. (1975): Binocular stimulation and the fragmentation of afterimages. Quart J exp Psychol **27**, 565–577
51. Fox, R. (1977): Binocularity and stereopsis in the evolution of vertebrate vision. In: Cool, S. J., Smith, E. L. (Hrsg.), Frontiers in visual science. Springer, New York, Heidelberg, Berlin, S. 316–325
52. Frejman, S. I. (1940): Physiologische Normen der Sehschärfe des Tiefensehens in die Ferne mit Hilfe des Tiefensehmessers. (Russisch) Vestn Oftalm **16**, 262–269
53. Frey, R. G. (1977): Auge und Verkehr. Bücherei des Augenarztes H. 71. Enke, Stuttgart
54. Frey, R. G. (1953): Die Beziehung zur Sehschärfe und Tiefensehschärfe. Wien med Wschr S. 436–438
55. Friedburg, D. (1980): Abnehmende lokale Stereopsis mit zunehmender Querdisparation, ein Hinweis auf abnehmende Dichte der binokularen Projektion am Rande des Panumareals. Graefes Arch Ophthal **213**, 109–114
56. Frisby, J. P., Mein, J., Saye, A., Stanworth, A. (1975): Use of randomdot stereograms in the clinical assessment of strabismic patients. Brit J Ophthal **59**, 545–552
57. Fruboese, A., Jaensch, P. A. (1923): Der Einfluß verschiedener Faktoren auf die Tiefensehschärfe. Z Biol **78**, 119–131

58. Gehrke, G. (1965): Tagungsber 5. Militärmedizin. Kongreß. Verkehrsmed. **12**, 322–324
59. Geratewohl, S. J. (1954): Die Physiologie des Menschen im Flugzeug. Barth, München
60. Giardini, A. (1949): Einfluß des Alkohols auf die Tätigkeit der Fusion von Netzhautbildern (italienisch). Giorn ital oftalm **2**, 446–451
61. Gibson, J. J. (1966): The senses considered as perceptual systems. Houghton, Mifflin & Co., New York
62. Glees, M. (1949): Über den Einfluß der Tiefenwahrnehmung auf das Sehen im Dunkeln. Graefes Arch Ophthal **149**, 680–685
63. Gramberg-Danielsen, B. (1976): Verkehrsophthalmologie. In: Velhagen, K. (Hrsg) Der Augenarzt. Bd 4. Thieme, Leipzig, 2. Aufl S. 287–478
64. Grosslight, J. H., Fletcher, J. J., Masterton, R. B., Hagen, R. (1978): Monocular vision and landing performance in general aviation pilots: Cyclops revisited. Hum Facktors **20**, 27–32
65. Haase, H.-J. (1980): Binokulare Korrektion. Schrickel, Düsseldorf
66. Haberkorn, R. (1965): Die Verbesserung der Tiefensehschärfe durch monokular vorgesetzte Lichtabsorptions- und Farbfilter. Med Fak Leipzig, Dissertation
67. Harter, M. R., Towle, V. L., Zakrzewski, M., Moyer, S. M. (1977): An objective indicant of binocular vision in humans size-spezific interocular suppression of visual evoked potentials. Electroenceph clin Neurophysiol **43**, 825–836
68. Hartmann, E., Stöcker, L. (1983): Die Bedeutung des querdisparaten Tiefensehens am Arbeitsplatz und im Straßenverkehr. Fortschr Ophthalm **80**, 496–497
69. Hass, H. D. (1982): Kopfschmerz und Auge. In: Sachsenweger, R. (Hrsg), Neuroophthalmologie. Thieme, Leipzig, 3. Aufl S. 507–513
70. Heine, L. (1900): Sehschärfe und Tiefenwahrnehmung. Graefes Arch Ophthal **51**, 146–158
71. Heinsius, E. (1947): Über die sekundären Faktoren des binokularen räumlichen Tiefensehens. Graefes Arch Ophthal **147**, 1–16
72. Heinsius, E. (1958): Über Raumwahrnehmung und Eisenbahndienst. Ärztl Dienst DB **10**, 274–277
73. Heinsius, E. (1964): Sehorgan und Verkehrssicherheit. Ärztl Dienst DB **25**, 53–61
74. Hell, W. (1978): Movement parallax: an asymptotic function of amplitude and velocity of head motion. Vision Res **18**, 629–635
75. Helmer, R. (1972): Experimentelle Untersuchungen zur Fahrtüchtigkeit nach Einnahme von Haschisch. Blutalkohol **9**, 213
76. Helmholtz, H. von (1910): Handbuch der Physiologischen Optik. Bd 3. Die Lehre von den Gesichtswahrnehmungen. Voss, Hamburg, Leipzig, 3. Aufl.
77. Helveston, E. M., Noorden, G. K. von (1967): Microtropia. Arch Ophthal (Chicago) **78**, 272–277
78. Hering, E. (1879): Der Raumsinn und die Bewegungen des Auges. In: Hermann, L. (Hrsg), Handbuch der Physiologie Bd III/1, Leipzig
79. Herzau, V. (1976): Stereosehen bei alternierender Bilddarbietung. Graefes Arch Ophthal **200**, 85–91
80. Heydenreich, A., Wittwer, B. (1981): Berufs- und Fahrtauglichkeit von ein-

äugig gewordenen Patienten. Auge und Beruf. Wiss Beitr Friedrich-Schiller-Univ Jena, S. 172–174

81. Hofmann, F. B. (1925): Die Lehre vom Raumsinn des Auges. In: Graefe-Saemisch, Handbuch der gesamten Augenheilkunde. III. Physiologische Optik, Teil 2, Springer, Berlin, Heidelberg, New York 2. Aufl
82. Hofstetter, H. W., Bertsch, J. D. (1976): Does stereoscopic change with age? Amer J Optom physiol Optics **53**, 664–667
83. Holland, G. (1960): Binokularsehen und anomale Netzhautkorrespondenz bei kleinem Schielwinkel. Klin Mbl Augenheilk **137**, 786–797
84. Höllhubert, J., Aigner, J. C., Kastenhuber, M. (1975): Die Selbsteinschätzung von Alter, Aufmerksamkeitsumfang und Rigiditätsfaktoren. Z Verkehrsrecht **20**, 92–96
85. Honegger, H. (1966): Einige ophthalmologische Aspekte der Flugmedizin. Der med Sachverständige **62**, 272–274
86. Honegger, H. (1970): Untersuchungen von Koordinationsstörungen des Auges mit Hilfe der Sehschärfe für bewegte Objekte. Ber Dtsch Ophthal Ges **70**, 294–299
87. Honegger, H., Alexandridis, E. (1970): Sehschärfe für bewegte Objekte in Abhängigkeit von der Adaptation. Graefes Arch Ophthal **181**, 1–11
88. Honegger, H., Kampschulte, R., Klein, H. (1970): Störung der Sehschärfe für bewegte Objekte durch Alkohol. Blutalkohol **7**, 31–44
89. Honegger, H., Schäfer, W. D. (1964): Registrierung von Augenbewegungen als Beitrag zur Untersuchung der Sehschärfe für bewegte Objekte. Graefes Arch Ophthal **166**, 601–616
90. Honegger, H., Schäfer, W. D. (1968): Sehschärfe für bewegte Objekte. Einige Gesichtspunkte für die Verkehrsmedizin. Zbl Verkehrs-Med **14**, 160–167
91. Honegger, H., Schäfer, W. D. (1968): Sehschärfe für bewegte Objekte bei Blickhebung und Blicksenkung. Ber Dtsch Ophthal Ges **68**, 419–426
92. Honegger, H., Schäfer, W. D. (1970): Funktionelle Untersuchung des Blickfeldes mit Hilfe der Sehschärfe für bewegte Objekte. Klin Mbl Augenheilk **157**, 801–806
93. Honegger, H., Schäfer, W. D., Jaeger, W. (1969): Vergleich von horizontaler und kreisförmiger Projektion der Sehzeichen. Graefes Arch Ophthal **178**, 132–146.
94. Hoogerheide, J. (1964): Prelim. report concerning peripheral dynamic vision Aeromed Acta (Soesterberg) **9**, 139–142
95. Howard, H. J. (1919): A test for judgement of distance. Trans Amer ophthal Soc **17**, 195–235
96. Hubel, D. H., Wiesel, T. N. (1962): Receptive fields, binocular interaction and functional architecture in the cat's visual cortex. J Physiol **160**, 106–154
97. Hübler, B. (1964): Untersuchungen über die Sehschärfe für bewegte Objekte bei horizontaler Projektion der Sehzeichen. Med Fak Heidelberg, Dissertation
98. Jaeger, W. (1958): Sehschärfe für bewegte Objekte. Klin Mbl Augenheilk **133**, 436
99. Jaeger, W., Honegger, H. (1964): Der Einfluß von Augenkrankheiten auf die Sehschärfe für bewegte Objekte. Graefes Arch Ophthal **166**, 583–600
100. Jeansch, E. R. (1911): Über die Wahrnehmung des Raumes. Z Physiol Erg-Bd 6
101. Jaensch, E. R. (1939): Neues und Grundsätzliches zu den Aufgaben der Wahrnehmungspsychologie. Z Psychol **146**, 193–228

102. JAMESON, D., HURVICH, L. M. (1959): Note on factors influencing the relation between stereoscopic acuity and observation distance. J Opt Soc Amer **49**, 639–642
103. JOFE, Z. (1937): Tiefensehen bei Anisometropen. Vestn oftal **10**, 423–425
104. JULESZ, B. (1964): Binocular depth perception without familiarity cues. Science **145**, 356–362
105. KEIDEL, W. D. (1976): Allgemeine Sinnesphysiologie, visuelles System. Springer, Berlin, Heidelberg, New York, 2. Aufl.
106. KESSLER, J. (1947): Vorrichtung zur Messung der Tiefensehschärfe. Klin Mbl Augenheilk **112**, 339–341
107. KIENLE, G. (1968): Die optischen Wahrnehmungsstörungen und die nichteuklidische Struktur des Sehraumes. Thieme, Stuttgart
108. KIRIJAKOFF, K., WASSILEWA, M., RAITSCHEWA, W. (1964): Über einige Komplex-Methoden zur dynamischen Untersuchung der Ermüdung bei Dispatchern und Lokführern. Zbl Verkehrsmed **11**, 343–348
109. KITTE, G., DIEROFF, H. G. (1971): Zur Problematik der Farbsinnänderung unter Lärmimission. Klin Mbl Augenheilk **158**, 732–739
110. KÖRNER, F., DICHGANS, J. (1968): Bewegungswahrnehmung, optokinetischer Nystagmus und retinale Bildwanderung. Graefes Arch Ophthal **174**, 34–48
111. KRAUSE, E., HEMPEL, W. (1982): Untersuchungen zum Binokularsehen bei psychisch Kranken. Folia ophthal **7**, 191–194
112. KROJ, G. (1972): Der Einfluß des Alters auf Risikobereitschaft und Sicherheitseinstellung – eine Fragebogenerhebung. Z Verkehrssicherheit **18**, 107–109
113. KRONESSER, H. (1981): Blendung im Straßenverkehr unter dynamischen Bedingungen. Augenoptik **98**, 105–107
114. KROT, L. P. (1972): Determination of visual acuity with movable lines in the disc of Roth's apparatus (russisch). Oftal Z **27**, 310–311
115. KRUDEWIG, M. (1953): Die Lehren von der visuellen Wahrnehmung und Vorstellung bei E. R. Jaensch und seinen Schülern. Meisenheim, Glan
116. KÜHNER, G. (1958): Untersuchungen über die Sehschärfe für bewegte Objekte. Med. Fak. Heidelberg, Dissertation
117. LANG, J. (1982): Mikrostrabismus. Enke, Stuttgart, 2. Aufl
118. LANG, J. (1983): Ein neuer Stereotest. Fortschr Ophthalmol **80**, 269–270
119. LANGLANDS, N. M. S. (1929): Experiments on binocular vision. Rep. upon the physiol. of vision. Wright and Sons, Brighton
120. LANGMUIR, J. (1938): Motion and visual acuity. Science **105**, 176–178
121. LEAR, P. van, BLUM, K., NIESEL, P. (1978): Zur Brauchbarkeit des „Random Dot Tests" für schulärztliche Untersuchungen. Klin Mbl Augenheilk **172**, 635–638
122. LEHMANN, D., JULESZ, B. (1978): Lateralized cortical potentials evoked in humans by dynamic Random-Dot Stereograms. Vision Res **18**, 1265
123. LEHMKUHLE, S. W., FOX, R. (1975): Effect of binocular rivalry suppression on the motion aftereffect. Vision Res **15**, 855–859
124. LEOPOLDSBERGER, W. (1942): Über die Beeinflußbarkeit des Fusionsvermögens durch äußere Faktoren. Wien klin Wschr S. 705–706
125. LETOURNEAU, J. E., MILLODOT, M. (1974): The effect of noise on visual fields. Eye, Ear, Nose Thr Monthly **53**, 49–51

126. Levy, N. S., Glick, E. B. (1974): Stereoscopic perception and Snellen visual acuity. Amer J Ophthal **78**, 722–724

127. Levy, M. M., Lawson, R. B. (1978): Stereopsis and binocular rivalry from dichoptic stereograms. Vision Res **18**, 239–246

128. Lieschke, H.-J. (1982): Intoxikationen. In: Sachsenweger R (Hrsg) Neuroophthalmologie. Thieme, Leipzig, 3. Aufl

129. Litinski, G. A. (1936): Normen der Schärfe des Tiefensehens bei Normalsichtigen (Erwachsenen) am Stereomyograph (russisch). Vestn Oftal **9**, 661–673

130. Lorenz, R. (1943): Binokulares Raumsehen und Refraktion. Klin Mbl Augenheilk **109**, 660–669

131. Low, F. (1947): The peripheral motion acuity of 50 subjects. Amer J Physiol **148**, 124–131

132. Ludvigh, E. (1949): Visual acuity while one is viewing a moving object. Arch Ophthal (Chicago) **42**, 14–22

133. Ludvigh, E., Miller, J. W. (1958): Study of visual acuity during the ocular pursuit of moving test objects. J Opt Soc Amer **48**, 799–802

134. Lücking, G. H., Struppler, A. (1982): Neurologische Alterungsprozesse und ihr Einfluß auf das Verhalten älterer Menschen am Steuer. Neues Optikerjournal **24**, Nr 6, S. 23–25

135. Lyle, T. K., Bridgeman, G. J. O. (1959): Worth and Chavasse's squint. London, 9. Aufl

136. MacKay, D. M. (1970): Perception and brain function. In: Schmitt FO et al (eds.) The neurosciences II study program. Rockefeller University Press, New York, S. 303–316

137. Manz, R. (1939/40): Der Einfluß geringer Alkoholgaben auf Teilfunktionen von Auge und Ohr. Dtsch Z ges gerichtl Med **32**, 301–312

138. Matsubayashi, A. (1937): Der Einfluß der Ortsveränderung der beobachteten Objekte bei der 2-Stäbchenmethode auf die Feinheit der Tiefenwahrnehmung und die physiologische Nullstellung. Acta Soc Ophthal Jap **41**, 2257–2268

139. Mayer, H. B., Lane, J. C. (1973): Monocular pilots; a follow-up-study. Aerospace Med **44**, 1070–1074

140. Mayer, M. J. (1977): Development of anisotropy in late childhood. Vision Res **17**, 703–710

141. Mehlhose, F. (1975): Modifizierter „3-Stäbchen-Test" auf elektromechanischer Grundlage. Augenspiegel **21**, 276–278

142. Merté, H.-J. (1978): Die Bedeutung der Ergophthalmologie. Arbeitsmed Sozialmed Präv.-Med **13**, 89–93

143. Merté, H.-J. (1985): zit. in: Neues Optikerjournal Nr **6**, S. 38

144. Methling, D., Wernicke, J. (1969): Die Eigenschaften des Auges beim Sehen bewegter Objekte. Augenoptik **96**, 13–19

145. Micko, H. C. (1955/56): Untersuchungen der Tiefensehschärfe für größere Entfernungen. Z Psychol **3**, 530–538

146. Miller, J. W. (1958): Study of visual acuity during the ocular pursuit of moving test objects. J Opt Soc Amer **48**, 803

147. MILLER, J. W., LUDVIGH, E. (1962): The effect of relative motion on visual acuity. Surv Ophthal **7**, 83–116
148. MIWA, T., TERADA, K., MORITA, S., YAMADA, T., SUZUMURA, A. (1972): Human perception-response to a moving object in terms of pursuit movement of the eye. A E Res Inst environm Med Nagoya Univ **19**, 35–40
149. MONJÉ, M. (1947): Über die Beziehungen des Stereoeffektes zur Tiefensehschärfe. Pflügers Arch. **249**, 377–384
150. MONJÉ, M. (1949): Zur Prüfung des stereoskopisch-räumlichen Sehens. Graefes Arch Ophthal **149**, 413–430
151. MONJÉ, M. (1969): Lichtsinn, Physiologie des Auges. In: Velhagen K (Hrsg) Der Augenarzt Bd 1. Thieme, Leipzig, 2. Aufl S. 173–288
152. MÜNSTER, C. (1942): Über einige Probleme der stereoskopischen Messung. Z Instrumentenkunde **62**, 346–357
153. NODA, H. (1975): Depression in the excitability of relay cells of lateral geniculate nucleus following saccadic eye movements in the cat. J Physiol **249**, 87–102
154. NOLL, G. (1973): Zur Bedeutung des räumlichen Sehens und des Schielens für den Betriebsdienst. Ärztl Dienst **34**, 168–169
155. NOORDEN, G. K. von (1979): Zur Entstehung der Amblyopie, experimentelle Untersuchungen. Ber Dtsch Ophthal Ges **77**, 815–817
156. OGLE, K. N. (1958): Note on stereoscopic acuity and observation distance. J Opt Soc Amer **48**, 794–798
157. OLOFF, W., PODESTA, H. (1937): Die Funktionsprüfung des Auges unter besonderer Berücksichtigung der Störungen des Farbensinnes. Springer, Berlin, 2. Aufl
158. OTTO, J., HÖLLMÜLLER, O. (1969): Klinische Untersuchungen zur Labilität der Binokularfunktionen. Klin Mbl Augenheilk **155**, 721–743
159. OVER, R., BROERSE, J., CRASSINI, B., LOVEGROVE, W. (1973): Spatial determinants of the aftereffect of seen motion. Vision Res **13**, 1681–1690
160. PERLIA, R. (1911): Ein vereinfachtes Stereoskopometer. Klin Mbl Augenheilk **49**, II, 492–494
161. PETTIGREW, J. D. (1979): Binocular visual processing in the owl's telencephalon. Proc roy Soc Lond B **204**, 435–454
162. PFALZ, G. (1907): Ein verbesserter Stereoskoptometer zur Prüfung des Tiefenschätzungsvermögens. Klin Mbl Augenheilk **45**, II, 85–95
163. PIERCE, D. M., BENTON, A. L. (1975): Relationship between monocular and binocular depth acuity. Ophthalmologica (Basel) **170**, 43–50
164. PIPER, H. F. (1951): Der Einfluß des Adaptationszustandes auf Ablauf unwillkürlicher Augenbewegungen. Ber Dtsch Ophthal Ges **57**, 260–265
165. PIPER, H. F. (1969): Optische Orientierung im Straßenverkehr und ihre Untersuchungsmethoden. Med Klinik **64**, 1092–1098
166. PULFRICH, E. (1922): Die zu einer Gesichtswahrnehmung nötige Zeit und die Art des Anstiegs der Lichtempfindung. Naturw **10**, 571–573
167. REGAN, D., BEVERLEY, K. I. (1978): Illusory motion in depth: aftereffect of adaptation to changing size. Vision Res **18**, 209–212
168. REGAN, D., BEVERLEY, K. I., CYNADER, M. (1979): Stereoscopic subsystems for position in depth and for motion in depth. Proc roy Soc Lond B **204**, 485–501

169. Regan, D., Spekreijse, H. (1970): Electrophysiological correlate of binocular depth perception in man. Nature (London) **225**, 92–94
170. Reinecke, R. D., Simons, K. (1974): A new stereoscopic test for amblyopia screening. Amer J Ophthal **78**, 714–721
171. Rennert, H. (1977): Störungen der tiefenräumlichen Wahrnehmung und Wiedergabe. Nova Acta Leopoldina, Nr. **228**, Bd 47, Halle
172. Roggenkämper, P. (1983): Stereosehen bei vermindertem Visus. Klin Mbl Augenheilk **183**, 105–109
173. Römhild, H. (1978): Beurteilung der Sportfähigkeit und körperlichen Belastung bei Störungen des beidäugigen Sehens. Medizin und Sport **18**, 337–340
174. Römhild, H. (1983): Beiträge zum stereoskopischen Sehen für Theorie und Praxis. Magdeburg, Promotion-B-Arbeit (med.)
175. Rüssel, A. (1939): Die Übbarkeit des binokularen Tiefensehens. Ber Dtsch Ges Psychol S. 254–257
176. Sachsenweger, M. (1983): Erste Untersuchungsergebnisse über die Stereo-Sehschärfe für bewegte Objekte. Klin Mbl Augenheilk **182**, 65–67
177. Sachsenweger, M. (1984/85): Das Phänomen der unterschiedlichen Tiefensehschärfe beim Sehen in Nähe und Ferne. In: Tost, M. (Hrsg) Aktuelle Probleme der Strabologie. Martin-Luther-Univ Halle–Wittenberg, Wiss. Beiträge S. 99–102
178. Sachsenweger, R. (1954): Die Tiefensehschärfe bei herabgesetzter Beleuchtung. Graefes Arch Ophthal **155**, 496
179. Sachsenweger, R. (1955): Experimentelle Untersuchungen über den Einfluß der Ermüdung auf das räumliche Sehen. Dtsch Z gerichtl Med **44**: 66–76
180. Sachsenweger, R. (1958): Experimentelle und klinische Untersuchungen des stereoskopischen Raumes. Leipzig
181. Sachsenweger, R. (1972): Pathologie und Klinik der Refraktionsanomalien. In: Velhagen, K. (Hrsg) Der Augenarzt Bd 2. Thieme, Leipzig, S. 713–1006
182. Samsonova, V. G. (1936): Einfluß der Objektform auf das stereoskopische Sehen. Graefes Arch Ophthal **135**, 30–48
183. Sanders, Th. (1970): Der Führerschein auf Zeit — Juristische Gesichtspunkte. Z. Verkehrssicherheit **16**, 170–186
184. Schaefer, H., Ebner, F. (1948): Über einen neuen Stereoeffekt und die Tiefensehschärfe. Pflügers Arch **249**, 637–654
185. Schmidt, T. (1976): Zur Prüfung der Sehfunktion in der Dämmerung zwecks Feststellung der Fahrtauglichkeit im Straßenverkehr. Ophthalmologica (Basel) **172**, 160–165
186. Schneider, G. (1981): Sehschärfe und Binokularfunktion bei beidseitiger Pseudophakie. Klin Mbl Augenheilk **178**, 149
187. Schober, H. (1954): Das Sehen Bd 2. Fachbuchverlag, Leipzig
188. Schober, H. (1972): Methodenkritik der Fahrtauglichkeitsuntersuchungen am Beispiel der Überprüfung des Gesichtssinnes. Med Welt NF **23**, 426–429
189. Schober, H. (1976): Prüfung der Sehfunktionen. In: Straub W Die ophthalmologischen Untersuchungsmethoden. Bd 2. Enke, Stuttgart, S. 273–327
190. Schober, H., Munker, H., Grimm, W. (1967): Zur Erkennbarkeit bewegter Objekte: Dynamische Sehschärfe. Klin Mbl Augenheilk **151**, 399–402

191. SCHOTT, G., SEIDEL, K. (1982): Psychopharmakotherapie. Volk und Gesundheit, Berlin
192. SCHÜLER, H., MÜRMEL, G. (1979): Untersuchungen über die durch die Frontkarosserie von Personenkraftwagen verursachten Gesichtsfeldausfälle. Verkehrsmed **26**, 225–229
193. SCHULZ, E., SCHULZ, G. (1974): Die Raumwahrnehmungsstörungen bei psychiatrischen Erkrankungen. Halle, Dissertation
194. SCHUMANN, Ch. (1959): Das stereoskopische Sehen im Verkehr. Bahnarzt **6**, 292–299
195. SCOTT, W. E., MASH, J. (1974): Stereoacuity in normal individuals. Ann Ophthal **6**, 99–101
196. SEELEN, W. von (1983): Was geschieht im Gehirn mit den Bildern beider Augen? Aschaffenburger Kontaktlinsentagung **16**, 5–12
197. SHIPLEY, T. (1971): The first random-dot tecture stereogram. Vision Res II, 1491–1492
198. SIEBECK, R. (1955): Akkommodationsasymmetrien. Ber Dtsch Ophthal Ges **59**, 247–251
199. SÖLLNER, G. (1961): Zur Formenempfindlichkeit des Auges bei Beobachtung bewegter Objekte. Karlsruhe, Dissertation
200. SRINIVASAN, M. V., BERNARD, G. D. (1975): The effect of motion on visual acuity of the compound eye: a theoretical analysis. Vision Res **15**, 515–525
201. STRELOW, E. R., DAY, R. H. (1975): Visual movement aftereffect: evidence for independent adaptation to moving target and stationary surround. Vision Res **15**, 117–121
202. SUZUMURA, A. (1964): Studies on the visual acuity. The kinetic visual acuity for the visual objects of colored light. Ann Rep Environ Med Nagoya Univ **12**, 53–60
203. SYKA, J. (1979): Neurophysiologische Grundlagen des Bewegungssehens. In: DRISCHEL, H., KIRMSE, W., Das okulomotorische System. Leipzig, S. 13–20
204. TEICHNER, W. H., KOBRICK, J. L., WEHRKAMP, R. F. (1955): The effects of terrain and observation distance on relative depth discrimination. Amer J Psychol **68**, 193–208
205. TEPING, C., PESCH, T. (1984): Untersuchungen zum Nachweis der Stereopsis durch Ableitung visuell evozierter kortikaler Potentiale (VECP). Fortschr Ophthalmol **81**, 480–482
206. TOPPEL, W. (1976): Heterophorie und Antidepressiva. Klin Mbl Augenheilk **169**, 138
207. TOST, M., KRÜGER, K. E. (1979): Physiologische und methodische Grundlagen der Pleoptik und Orthoptik. Thieme, Leipzig, 3. Aufl
208. TRACHTMAN, J. N. (1973): The relationship between ocular motilities and batting average in little leaguers. Amer J Optometry **50**, 914–919
209. TSCHERMAK, A. von (1931): Optischer Raumsinn. Handbuch der normalen und pathologischen Physiologie 12/2, 912ff., 940–950
210. TSCHERMAK, A. von (1939): Über Parallaktoskopie. Pflügers Arch Physiol. **241**, 455–469

211. TSCHERMAK, A. von (1947): Einführung in die physiologische Optik. Springer, Wien, 2. Aufl

212. TYLER, C. W., SUTTER, E. E. (1979): Depth from spatial frequency difference: an old kind of stereopsis? Vision Res **19**, 859–865

213. UEBERSCHAAR, G. (1975): Das binokulare Sehen. Augenoptik **91**, 53–57

214. UEBERSCHAAR, G. (1976): Optologie, Grundzüge der Lehre vom Sehen. Duncker, Rathenow

215. VERHOEFF, F. H. (1933): An improved and a new test for stereoscopic vision. Amer J Ophthal **16**, 589–591

216. VESPER, G. (1965): Über die Qualität der Tiefensehschärfe beim Sehen in die Ferne unter den Bedingungen des Fahrdienstes der Eisenbahn. Verkehrsmed **12**, 515–524

217. VOKES, E. (1980): Auge und Alter — Untersuchungen von Heterophorie, Stereopsis und Zyklofusion an 70 Probanden aller Altersstufen. Bonn, Dissertation

218. VOMBERG, H. E., SKRANDIES, W. (1985): Untersuchungen des Stereosehens im Zufallspunktmuster-VECP: Normbefunde und klinische Anwendung. Klin Mbl Augenheilk **187**, 205–208

219. WAGNER, E. (1949): Die Zeitschwelle der Tiefensehschärfe. Klin Mbl Augenheilk **114**, 557–562

220. WÄLDRICH, B. (1978): Untersuchungen des räumlichen Sehens psychisch Kranker mit einer polarisationsstereometrischen Methode. Halle, Med Dissertation

221. WALTHER, H., UCHTLÄNDER, M., MEYER, F. P. (1983): Zur Problematik „Dosierung—Blutspiegel—Wirkung" in der Psychopharmakologie. Medicamentum **10/11**, 285–288

222. WEISSMANN, S., FREEBURNE, C. M. (1965): Visual acuity with moving test objects. J Exper Psychol **70**, 141–146

223. WESTHEIMER, G. (1979): The spatial sense of the eye. Proctor lecture. Invest Ophthal vis Sci **18**, 893–897

224. WESTHEIMER, G., MCKEE, S. P. (1979): What prior uniocular processing necessary for stereopsis? Invest Ophthal vis Sci **18**, 614–621

225. WOODBURNE, L. S. (1934): The effect of a constant visual angle upon the binocular discrimination of depth differences. Amer J Psychol **46**, 273–286

SACHWORTVERZEICHNIS

Band 115

Heft 1 Prof. Dr. rer. nat. HERMANN BERG, Wilhelm Ostwald — Erkenntnisse über die Biosphäre
1981. 30 Seiten — 7 Abbildungen — 3 Tabellen — 8° — M 6,—

Heft 2 Prof. Dr. sc. KLAUS DÖRTER, Aphorismen zur Qualität des Bewässerungswassers
1981. 31 Seiten — 11 Abbildungen — 11 Tabellen — 8° — M 6,—

Heft 3 Prof. Dr. Ing. Dr. rer. nat. h. c. PAUL GÖRLICH, Die geschichtliche Entwicklung des wissenschaftlichen Gerätebaus und seine zukünftige Bedeutung 1981. 36 Seiten — 8° — M 6,—

Heft 4 Prof. Dr. WOLFGANG BUCHHEIM, Albert Einstein als Wegbereiter nachklassischer Physik
1981. 29 Seiten — 8° — M 4,—

Heft 5 Prof. Dr.-Ing. HERBERT KRUG, Die Technologie der Brikettierung von Weichbraunkohle im Lichte der Verfahrenstechnik und der besseren Nutzung dieses Energieträgers
1982. 20 Seiten — 13 Abbildungen — 8° — M 3,—

Heft 6 Prof. Dr. ERNST NEEF, Der Verlust der Anschaulichkeit in der Geographie und das Problem der Kulturlandschaft 1981. 34 Seiten — 8° — M 5,—

Band 116

Heft 1 Prof. Dr. WERNER RIES, Studien zum biologischen Alter
1982. 27 Seiten — 10 Abbildungen — 8° — M 4,—

Heft 2 Prof. Dr. RUDOLF SACHSENWEGER, Augenunabhängige optosensorische Wahrnehmungsformen
1983. 19 Seiten — 8° — M 4,—

Heft 3 Prof. Dr. HANS-GEORG SCHÖPF, Die Griechen und die Natur 1983. 62 Seiten — 8° — M 8,—

Heft 4 Prof. Dr. Ing. JÁN BENETIN, Mathematisches Modell für das Wachstum von landwirtschaftlichen Kulturen und seine Verwertung in der quantitativen Beurteilung des Bewässerungseffektes auf die Steigerung der Ernteerträge 1983. 36 Seiten — 18 Abbildungen — 3 Tabellen — 8° — M 6,—

Heft 5 Prof. Dr. HANS DRISCHEL †, Neues über die Pupille
1983. 30 Seiten — 26 Abbildungen — 8° — M 4,—

Heft 6 Prof. Dr. BENNO PARTHIER, Der Beitrag der Molekularbiologie zur Evolutionserkenntnis
1983. 41 Seiten — 19 Abbildungen — 2 Tabellen — 8° — M 6,—

Heft 7 Prof. Dr. ADOLF WATZNAUER, Die Rolle des Radons (Isotop ^{222}Rn) als Umweltfaktor — eine Übersicht
1983. 34 Seiten — 3 Abbildungen — 4 Tabellen — 8° — M 5,—

Band 117

Heft 1 Prof. Dr. sc. KLAUS DÖRTER, Einige Aspekte zum landeskulturellen Nutzen des Meliorationswesens
1984. 31 Seiten — 10 Abbildungen — 11 Tabellen — 8° — M 8,—

Heft 2 Prof. Dr. HERBERT BECKERT, Nichtlineare Elastizitätstheorie 1984. 58 Seiten — 8° — M 8,—

Heft 3 Prof. Dr. HERBERT JORDAN, Zur funktionellen Normalität des Menschen
1984. 29 Seiten — 15 Abbildungen — 1 Tabelle — 8° — M 4,—

Heft 4 Dr. ARND BERNHARDT / KLAUS-DIETER JÄGER / KARL MANNSFELD / INGE HARTSCH, Beiträge zum Problemkreis des Landschaftswandels
1985. 101 Seiten — 3 Abbildungen — 5 Tabellen — 2 Übersichten — 8° — M 14,—

Heft 5 Prof. Dr. OTT-HEINRICH KELLER, Das Zählen als angeborene Verhaltensweise
1984. 36 Seiten — 11 Abbildungen — 8° — M 6,—

Heft 6 Prof. Dr. WOLFGANG BUCHHEIM, Komplementarität nach Niels Bohr — physikgeschichtliche Episode oder universale Kategorie von Ergänzung? 1984. 30 Seiten — 3 Tabellen — 8° — M 4,—

Heft 7 Prof. Dr. BENNO PARTHIER, Gene, Gentechnik, Genmanipulation
1984. 28 Seiten — 7 Abbildungen — 8° — M 4,—

Band 118

Heft 1 Prof. Dr. HANS JÜRGEN RÖSLER, Geowissenschaften und Geochemie
1985. 24 Seiten — 11 Abbildungen — 8° — M 4,—

Heft 2 Prof. Dr. HERBERT BECKERT, Axiomatik — Mathematik und Erfahrung
1985. 19 Seiten — 8° — M 3,—

Heft 3 Prof. Dr. HERMANN BERG, Zellfusion, Transformation und Pharmakainkorporation durch Elektrostimulation 1985. 27 Seiten — 15 Abbildungen — 8° — M 4,—

Heft 4 Prof. Dr. N. JOACHIM LEHMANN, Die analytische Maschine. Grundlagen einer Computer-Analytik
1985. 64 Seiten — 5 Abbildungen — 8° — M 8,—

Heft 5 Prof. Dr. DIETRICH UHLMANN, Die anthropogene Eutrophierung der Gewässer – Ein umkehrbarer Prozeß? 1985. 32 Seiten – 16 Abbildungen – 8° – M 4,–

Heft 6 Prof. Dr. FRIEDRICH WOLF, Dr. MAGDALENA WEISE, Der Sirotherm-Prozeß – Ein Verfahren zur rationellen Wasserentsalzung 1986. 31 Seiten – 12 Abbildungen – 7 Tabellen – 8° – M 4,–

Heft 7 Dr. sc. RUTH ZWICKER / Dr. sc. HERBERT PÜHRER / GERHARD PLÖTNER / Prof. Dr. med. HERBERT JORDAN, Prof. Dr. WOLFGANG BUCHHEIM, Modellversuche zum Vervoreffekt nach V. VOUK unter biophysikalischen Gesichtspunkten
1986. 52 Seiten – 14 Abbildungen – 11 Tabellen – 8° – M 7,–

Band 119

Heft 1 Prof. Dr. WERNER RIES, Methoden und Erkenntnisse der Alternsforschung
1986. 31 Seiten – 20 Abbildungen – 8° – M 4,–

Heft 2 Prof. Dr. HEINZ PENZLIN, Die Erscheinung des Lebendigen in unserer Welt
1986. 91 Seiten – 10 Abbildungen – 3 Tabellen – 8° – M 12,–

Heft 3 Prof. Dr. HANS-HEINZ EMONS, Dr. sc. phil. Dr. rer. nat. HANS-HENNING WALTER, Historische Entwicklung und zukünftige Tendenzen der Siedesalz-Produktion unter besonderer Berücksichtigung der ehemaligen Salinen im sächsisch-thüringischen Raum
1986. 42 Seiten – 19 Abbildungen – 4 Tabellen – 8° – M 6,–

Heft 4 Prof. Dr. HERBERT JORDAN, „Basimetry“: Ansätze einer chronotherapeutischen Urteilsbildung
1987. 31 Seiten – 16 Abbildungen – 1 Tabelle – 8° – M 4,–

Heft 5 Dr. sc. HARALD HILBIG, Existenzsätze für einige Totwasserprobleme der Hydrodynamik
1987. 101 Seiten – 21 Abbildungen – 8° – M 14,–

Heft 6 Dr. MATTHIAS SACHSENWEGER, Dr. ULRICH SACHSENWEGER, Das Raumsehen bei bewegten Objekten auf der Basis der dynamischen Stereoskopie und der Bewegungsparallaktoskopie sowie seine Bedeutung für Arbeits- und Verkehrsmedizin *Vorliegendes Heft*

Band 120

Heft 1 Prof. Dr. HERMANN BERG u. a.: Kanzerostatische Anthrazykline, physikochemische Eigenschaften und Wirkungsmechanismen *In Vorbereitung*

Heft 2 Prof. Dr. ARTUR LÖSCHE, Der Kernspin: Von der Hypothese zum modernen Analysenwerkzeug. (Eine beinahe geschichtliche Betrachtung um der Sache willen) *In Vorbereitung*

Heft 3 Prof. Dr. Dr. h. c. JOACHIM SCHARF, Anfänge von systematischer Anatomie und Teratologie im alten Babylon *In Vorbereitung*

Einzel- oder Fortsetzungsbestellungen durch eine Buchhandlung erbeten

Sitzungsberichte bis Band 108
durch das Zentralantiquariat der Deutschen Demokratischen Republik, Leipzig,
ab Band 109 durch die Universitätsbuchhandlung, 7010 Leipzig, zum Teil noch lieferbar

AKADEMIE-VERLAG BERLIN

DDR-1086 Berlin, Leipziger Straße 3–4

ISBN 3-05-500469-8
ISSN 0371-327X

Zeitfracht Medien GmbH
Ferdinand-Jühlke-Straße 7
99095 Erfurt, Deutschland
produktsicherheit@kolibri360.de